U0897550

自我与本我

THE EGO AND THE ID

（精装典藏版）

〔奥〕西格蒙德·弗洛伊德 - 著

徐志晶 - 译

中国水利水电出版社
www.waterpub.com.cn
·北京·

内 容 提 要

本书包含了《超越唯乐原则》《群体心理和自我分析》《自我与本我》三篇著论，代表了弗洛伊德晚年的成熟理论，也是后期弗洛伊德对整个人的心理所作的哲学思考的结果。弗洛伊德在书中提出的观点被公认为对人的心理做出了革命性的创新描述。

图书在版编目（CIP）数据

自我与本我 ：精装典藏版 /（奥）西格蒙德·弗洛伊德著 ；徐志晶译. -- 北京 ：中国水利水电出版社，2022.1（2022.10 重印）
ISBN 978-7-5226-0175-5

Ⅰ. ①自… Ⅱ. ①西… ②徐… Ⅲ. ①精神分析 Ⅳ. ①B84-065

中国版本图书馆CIP数据核字(2021)第213669号

书　　名	自我与本我（精装典藏版） ZIWO YU BENWO (JINGZHUANG DIANCANG BAN)
作　　者	〔奥〕西格蒙德·弗洛伊德　著　　徐志晶　译
出版发行	中国水利水电出版社 （北京市海淀区玉渊潭南路1号D座　100038） 网址：www.waterpub.com.cn E-mail：sales@mwr.gov.cn 电话：（010）68545888（营销中心）
经　　售	北京科水图书销售有限公司 电话：（010）68545874、63202643 全国各地新华书店和相关出版物销售网点
排　　版	北京水利万物传媒有限公司
印　　刷	河北朗祥印刷有限公司
规　　格	146mm×210mm　32开本　8印张　114千字
版　　次	2022年1月第1版　2022年10月第2次印刷
定　　价	49.80元

目　录 | contents

第一篇

Part 1

超越唯乐原则

第一章

通过了解精神分析理论，我们顺理成章地认为心理活动是根据唯乐原则而调整的。换言之，任何一种心理活动都是由某种负面的紧张情绪而引发的，并且最终向着缓解紧张，也就是避免产生负面情绪以及获得正向情绪的方向发展。倘若以此为前提回看并审视心理过程，那么就需要在研究中引入经济学的观点。就当前我们的认知来看，最完整的视角就是将类型学视角、动态视角和经济学视角三者结合起来审看，这就形成了心理玄学。

研究唯乐原则和过去的某个哲学系统的相似度，以及唯乐原则的延续，这其实毫无关系。我们只是在自己的研究领域中对日常的事实加以论述，并得出了唯乐原则的假设。精神分析领域并不以尖端性和原创性作为目的；而能够让我们最终得出唯乐原则假设的那些现象是如此明显，以至于完全无法忽视它们。不过，我们还是会非常感激如果有某种哲学或心理学理论可以指导我们，那些带有强迫性的正面、负面情绪的感知到底有什么意义。可遗憾的是，我们还未曾找到相关的中肯建议。在心理中，这是最难以分析和琢磨的一个领域，如果我们必须要了解它，那么最需要做的就是大胆假设。我们决定将正面和负面情绪，与心理中不受约束的兴奋量结合起来，也就是说，用产生正面情绪代表兴奋量的减少，产生负面情绪代表兴奋量的增加。而这并不是要简单地在感知的强烈程度及其带来的改变之间建立关系，至少从心理生理学的角度来看，情绪和兴奋量之间没有直接的正比或反比。对感知来说，最重要的因素应该是兴奋量在一定时间内的起伏程度。在这个问题上，我们可以通过试验找到解开问题的关键。不过对精神分析师而言，除非我们被特定的观察结果指引，不然没有必要对这些问题进行过于深入的研究。

而当我们看到，一部分专业且深刻的学者，比如古斯塔夫·费希纳，对正面和负面情绪的看法十分接近精神分析的理论时，这就值得我们引起重视了。在古斯塔夫的短文《对有机组织生成与发展史的几点想法》中可以看到他的观点，他是这样写的："只要意识行为一直与正面和负面情绪联系在一起，那我们就可以理解为正面和负面情绪与稳定和不稳定状态有一定心理学上的联系。这也为我在其他地方详细论述过的假设提供了证据。如果假说理论是正确的，那么只要心理活动超过某个特定数值，进而达到近乎完全稳定的状态，就会产生快乐；反之，如果它与这个数值偏离，就会产生不愉快的情绪。而在正面和负面情绪之间也有一片地带，是为情绪空白区……"

下面这些事实使我们相信唯乐原则在心理占据绝对的支配地位：心理中枢试图降低兴奋量，或至少使其维持在初始状态。这其实只是换了一种表述形式，因为如果心理中枢以让兴奋量处于较低水平为目标，那所有能让兴奋量上升的事物都会阻碍心理中枢的运行，也就是说，会让人产生负面情绪。唯乐原则的本质是维稳。其实，将稳定原则推导出来的那些事实，也让我们相信确实存在唯乐原则。经过仔细讨论，我们还能发现，我们所假设的这一心理中枢目标，其实就是费希纳所说的"稳定趋向原则"的一种特殊情况，而费希纳将这一原则与正面和负面情绪的感知联系起来了。

这样看来，唯乐原则似乎能够决定人的心理活动，但现在要说的是，这种观点其实是错误的。如果这种观点成立，那心理活动一定伴随着愉快，也就是说心理活动肯定能使我们产生正面的情绪；但实际上，我们感知到的往往截然不同。真实的情况是，我们的内心深处有一股被迫奉行唯乐原则的倾向，但又遭到了抵抗，所以最终的行为并不一定是倾向唯乐原则。我们可以将古斯塔夫对这种情况的评论作为参考："想要完成目标和真正完成目标是截然不同的两回事，更何况目标只能是差不多完成……"

假如我们要研究是什么影响了唯乐原则推行的话，就又回到了我们熟悉的环境，我们可以广泛应用已有的分析经验来辅助支撑解决这个问题。对我们来说，阻碍唯乐原则的第一种情况是常见且频发的。众所周知，唯乐原则是心理中枢特有的一种基本工作方式，不过从有机体自我保存的角度来说，在面对外部困难时，它可能没有价值，甚至是非常危险的。受到自我的自我保存欲望的影响，唯乐原则被现实原则取而代之。现实原则并不表示彻底放弃产生正面情绪这一目的，它只是主张暂缓或放弃其中的一部分，在这段时间里暂且忍受一些负面情绪的存在。不过，在很长一段时间里，唯乐原则一直以难以控制的本能的工作方式存在。所以常会出现这种情况——无论是在自我之中，还是本能的作用下，唯乐原则会打败现实原则，进而损害了整体。

不过，有一点是可以肯定的，现实原则取代唯乐原则只能是一小部分不太强烈的负面感知的解释。一旦自我走到更高、更复合的地步，心理中枢中的冲突和分裂便成了另一种合理的疏导负面情绪的方式。心理中枢的所有能量，几乎都源于它自身的本能冲动，不过这些冲动并不是全都可以达到同样的发展阶段。在此过程中，会不断出现一种情形：某种本能或它的组成部分的目的和索求，与另一些本能的目的和索求不融合。这两者结合在一起，才能形成自我的统一体。于是，在统一体的强迫下，它们只得暂时停留在较低的心理发展层级中，从初始就难以得到满足。那些本能受到压制以后，很可能另寻出路，从而追求其他直接或间接的满足。这本应可以产生愉快的情绪，但自我却觉得非常不开心。由于旧冲突的排斥，就在某些本能想要按照唯乐原则产生正面情绪时，一种违背唯乐原则的情况出现了。我们仍然不知道压制为什么能把正面情绪的可能变成负面情绪的源泉，但所有精神病症中的负面情绪都属于这一性质，这是无法感知到愉快的愉快。①

之前所说的两种负面情绪，并不是我们产生负面情绪经验的全部。不过，单从剩下的这些来说，我们可以确认，它们与唯乐原则的统治性之间并不矛盾。我们感知到的大部分负面情绪，都是感知的负面，它或者是外部感知，或者是因本能没有得到满足而感知到的压迫。而这种外部感知本身或许就是负面的，也可能在心理中枢中引起令人产生负面情绪的期待，从而被心理中枢视为“危险”。对这些欲望的索求和危险的威胁作出应对是心理中枢本该做的事。这种反应可以在唯乐原则或对唯乐原则加以修正的现实原则的引导下，以正确的方式进行。如此一来，我们应该不必进一步限制唯乐原则。然而，对针对外部危险的心理反应进行研究，刚好能为我们现在的问题带来新的论证和进一步的问题。

① 关键是作为意识感知，正面和负面情绪一直附属于自我。

第二章

一种总会表现出一种特殊的状态，被称作“创伤性神经症”的应激性情况会发生在人们经历过火车撞击或外界伤害和其他会给生命带来危险的事故后。那场结束不久的惨烈战争，就导致了许多这样的病例。不过，至少如此一来，这种应激性反应人们不再归咎于是外力所致的神经系统组织创伤。创伤性神经症的症状与歇斯底里病十分相似，它们的运动性症状非常雷同。但创伤性神经症的患者大多情况下主观臆断自己十分痛苦，这一点近似于抑郁症和疑病；并且患者的所有心理活动有全面性的减弱和损伤。不管是战争导致的神经症，还是和平时期发生的创伤性神经症，至今都没有一个完整的解释。同样的病状，不仅会出现在战争神经症中，有时也会在没有外界伤害的情况下出现。这看起来似乎论述了什么，但很快又让我们持续感到迷茫。在普通的创伤性神经症中，有两个特点需要我们注意：其一，惊惧是疾病的主要诱因；其二，外界伤害反而会对神经症症状起到压制作用。我们总是把“惊恐”“恐惧”“畏惧”当作同义词使用，实际上从它们与危险的关系中，就能发现区别。惊恐是一个人在没有准备的情况下陷入险境时表现出来的状态，它强调的是突然惊吓的状况；恐惧用来形容一种期待危险到来并且已经做好准备的心理，可能这种危险具有不确定性；畏惧的产生则需要一个特定的对象。我认为恐惧不能诱发创伤性神经症，在它身上有某种可以保护人免受惊悸产生的负面影响，从而避免出现惊悸性神经症。后文中我们还会回过头来继续对这个问题进行讨论。

对梦的研究可以被视为深入研究心理过程的最可靠手段。下面是创伤性神经症患者的梦境通常会有的特征：患者会不断地在梦境中回忆自己遭受的事故发生的情景，直到因惊悸而醒来。这样的例子多到数不胜数，从而有人认为，这刚好说明创伤性经历的能量致使患者在睡梦中依旧不断被这段经历影响和恐吓。也就是说，患者在心理上仍旧执着于这段创伤经历。早在我们研究歇斯底里病的时候，就曾遇到过这样的情况，有的患者因为对某一经历过于执着从而诱发疾病。1893年，我和布鲁尔就曾提出：回忆非常困扰歇斯底里病患者。在对战争精神症进行研究时，费伦齐和西美尔也用患者执着于创伤这一现象解释了某些运动性症状。

但我从未听说过有创伤性神经症患者在清醒的时候回忆起创伤当时的场景，可能他们正在努力不去回忆这件事情。要是有人理所当然地认为梦可以让患者回忆创伤场景是一件普遍的事情，那他一定没有真正理解梦的本质。梦在患者面前展现出正面的、积极的场景才是人们对痊愈的期盼。如果事故所引发的神经症患者所做的梦仍无法动摇我们的分析，始终坚信梦是愿望的满足，那就只能作出下面的解释：梦的功能与其他许多情况一样被扰乱了，改变了最初的方向。不然的话，我们就需要考虑一下自我那神秘的受虐倾向了。

现在，我建议不要再过度分析创伤性精神症这个复杂难明的论题，而是讨论一下心理中枢在婴幼儿时期的一种普遍行为，也就是孩子们的游戏。

前段时间普法伊费尔发表了一篇文章，对儿童游戏的许多理论要点进行了分享和总结。我需要给各位读者特别提一下这篇文章，文中的理论试图猜测儿童游戏的原因，却没有把经济学视角——产生正向情绪，放在第一位。之前，有人让我对一个一岁半的男孩自创的第一个游戏发表看法，我不想对整个过程进行过多赘述，这并不是短期观察的结果，因为我和这个男孩以及他的父母一起生活了几个星期。经过很长一段时间观察后，我才明白这种不停重复的行为的含义。

这个男孩并非是一个智力发展超前的孩子，他在一岁半时才开始偶尔说一些别人能听懂的话，他还会发出一些能被身边的人理解的声响。但他与父母及一个女佣的关系都非常好，还被别人赞扬是个懂事的孩子。他从不在夜里打扰父母，也从不违反一些关于不能触摸一些东西、不能去特定房间之类的禁令。而且，他十分依恋母亲，母亲不仅喂养了他，还独立承担了照顾他的责任，但倘若母亲要外出几小时，他并不会为此哭闹。然而，这个孩子有时会做出一种特别的举动：他会把自己所有的小玩具都藏到床底下或是放到一个偏僻角落。如此一来，找回他的玩具就很麻烦。他在做这些事情的时候，嘴里还不停地发出“哦—哦—哦—”的声音，仿佛是在表达自己的极度兴奋和满足感。他的母亲和观察者都认为，这个声音并不是感叹词，而是代表德语“不见了”。最后我发现，其实这是一场游戏，男孩的所有玩具都是他设计的这个游戏的道具。后来我的观察结果证实了这个观点。这个男孩有一个木桶，上面缠着一卷绳子。他没有像拉小车一样在地上拖拽这个木桶，而是把它扔进床缝里，丝毫没有在意床上的栅栏和床罩。在木桶消失后，他又发出了“哦—哦—哦—”的叫声，接着从床缝中再将木桶拽出来，并且欢呼道：“哒！（在这呢！）”这就是一个有关消失和再现的完整游戏。但人们通常只看到了游戏的前半部分——孩子不断重复的部分，殊不知真正产生快乐情绪的来自游戏的后半部分。①

---

① 进一步的观察现象证实了这一分析。有一天，男孩的母亲离开好几个小时，等她回来的时候只听男孩冲着她说一些我们听不懂的话：“宝宝，哦—哦—哦—”后来才知道，在男孩独处的这段时间里，他已经找到了如何让自己消失的办法。他在落地镜里看到了自己镜子中的身影，然后又蹲下身子，让自己的镜像消失不见。

这个游戏很快就被解释清楚了，它与男孩逐渐提高的本能克制力有关。随着男孩开始放弃满足自己的欲望，他不得不学会接受母亲暂时的离开。为了补偿自己，他用周围的东西排演了“消失和再现”的游戏。如果从有效性来看这个游戏，这个游戏是男孩自己发明的还是从其他地方学的并不重要，我们不需要对此感兴趣。对于男孩来说，母亲的离开很显然并不是一件可以高兴或者无关紧要的事情。他把母亲离开所带来的痛苦当成游戏不停重复，这哪里符合唯乐原则呢？或许有人会说，正向的情绪来自“再现”的环节，而先“消失”是能够“再现”的前提，所以这个游戏最终目的就是体会“再现”。然而这个过程中有一点却很难理解：“消失”作为游戏单独的一部分，出现的频率之高所带来的痛苦已经难以让人体会“再现”产生的快乐。

只对这样一个个例进行分析，还不足以得出确切的结论。用一个不带任何偏见的角度去猜测，这个男孩之所以做创造游戏，是不是还有其他原因。他在与母亲分开这件事里是被迫的，但在这个并不怎么愉快的游戏中，他却作为主动的一方不停地重复产生痛苦的过程。这种强迫性重复或许表现了他的想要主导这件事的控制本能，这种本能并不会考虑回忆所带来的是否是正面的情绪。但我们也可以试着做出另一种解释，让某样东西“消失”，或许是孩子一种想要报复母亲的心理。这种心理产生的根源是母亲的离开，而这种报复性冲动在日常生活中是会受到压制的，所以，这种行为表达出的深层次含义可能是：你走吧！我不用你管，我送你离开。过了一年，男孩两岁多时，他开始经常一边把自己不喜欢的玩具扔到地上，一边生气地大声喊：“上前线吧！”当时有人对他说，他的父亲去参军了，所以没在家。他对父亲没有任何想念，相反，他还用这种行为表明了自己独占母亲的想法。[①]我们从另外一些孩子身上也能发现类似的行为：他们用物体代替人，通过摔的方式表达自己的不满。所以现在有了一个相关的疑问，对与有所执着的事物在心理层面进行加工，并借此克服它的冲动，是不是一个本能的、

① 在男孩五岁零九个月的时候，他的母亲离开了人世。发现母亲真的“消失”了，男孩也没有什么悲伤。不过这是因为在此之前母亲生了二胎，导致他产生了强烈的忌妒心理。

与唯乐原则毫无关联的过程。就拿这个男孩的案例来说，这种令人产生负面情绪的回忆之所以一直被重复，就是因为它与另一种更为直接的正面情绪感觉产生了联系。

即便继续深入研究孩子的游戏，对我们在两种猜测之间抉择没有帮助。我们发现，孩子们为了可以远离某些痛苦回忆对生活的影响，会在游戏中不断重复这些场景，从而满足自己的控制本能。从另一层面来看，这些游戏明显是在想要尽快成长，像成年人一样做事的愿望驱使下进行的。在儿童时期，这种愿望非常强烈。我们还发现，哪怕是痛苦的经历也可以在游戏中找到，比如被医生检查喉咙乃至进行小手术的可怕经历。显然，这种游戏中孩子产生的愉悦感来自别的方面：当孩子们在游戏中从被迫接受的人变成控制者时，他们就把自己之前在这个经历中产生的痛苦转嫁到了一起玩的同伴身上，从而满足自己报复的心理。

上述推论可以看出，我们并不需要进一步思考这个游戏在因其产生的两种假设中还有什么值得再深入分析的。值得注意的是，成年人的艺术游戏和效仿更注重观众，和孩子是不一样的。就像悲剧带给观众的是痛苦，但他们最后反而感到无比快乐。所以我们相信，哪怕是在唯乐原则的掌控下，仍然能够找到一些方式使痛苦变成回忆和心理加工的对象。我们也可以用经济学角度更为准确地对这些最终能够产生正面情绪的事例进行深入探讨，但这对我们的研究毫无益处。因为它以唯乐原则占据统治地位为前提，它不能证明有其他更原始的倾向独立于唯乐原则之外。

第三章

二十五年的发展研究后，精神分析采用手段的直接目标已经和最初明显不一样了。当时，精神分析专家想要分析得出的是患者还未曾发现的潜意识内容，并将它们整理好以便在合适的时候告知患者。但这种手段是不能用于治疗的，所以我们很快就对其完成了改进，让患者用他们的回忆为我们提出的结构系统加以佐证。过程中，患者会对我们的探究产生巨大的反抗。对此，我们要做的就是尽快找到患者因何会抵触，并向患者解释清楚，再依靠将感知和情绪转移的方式，人为地对患者施加影响，让患者不再抗拒潜意识探究。

经过尝试后发现，这种方法依然无法完成“让潜意识的内容进入意识之中”这一最初目标。我们无法找到患者被压制在心中的所有记忆，找不到的恰恰就是最本质的部分，所以他会一直质疑我们告知他的分析结构。在这样的情况下，他达不到我们所期望的那样把经历再次重演，却是把被压制的事情当成过去的片段来回忆。重复的内容一部分来自婴儿的性生活、俄狄浦斯情结以及它的后续发展，并定期通过移情的方式，在患者和医生的关系中表现出来，其带有我们并不想看到的真实性。假如在治疗中出现了这种情况，那我们就可以说，新近出现的转移性神经症已经取代了早期的神经症。我们应尽量缩小转移性神经症的范围，去迫使患者尽可能多地将经历推回记忆中，不让它们继续重现。因为事例的不同，回忆和重复的关系都是不一样的。一般来说，医生会省略这一阶段的治疗。医生只能允许一定数量的被遗忘的记忆再次复活，此时他要做的就是作出权威的推断和分析，让患者足够冷静地认识到眼前所谓的“现实”只是被忘却的过去的镜像。只要医生给出的结论和想法足够冷静和准确，就能在治疗中得到更多的信任，从而更容易让患者配合治疗达到最好的治疗效果。

相信我们需要战胜的反抗来自潜意识这种观念是错误的。我们要想理解在对神经症患者进行精神分析治疗过程中出现的“强迫性重复”现象，就必须消除这种错误认知。潜意识其实就是那些在心理层面被压制的内容，并不会抗拒治疗，因为它们正想要让自己脱离被压制的现状，以达到进入意识的目的，或是通过实际动作得到释放。最初造成压制心理的更高的层次和系统才是这种反抗的来源，也是它在最初的时候把一些内容推到了潜意识之中。不过，经验告诉我们，抵抗的原因和抵抗本身最开始都存在于潜意识之中，这就表明我们的表述中存在不准确的部分。只需让被相关联的自我和被压制的事物之间的对比取代意识和潜意识的比较，就可以让现在的分析避免混沌。很显然，自我的大部分都属于潜意识，尤其是自我的核心部分。自我中，其实只有非常小的一部分可以被称为“前意识”。在纯描述性的表述方式被系统化、动态化的表述方式所取代后，我们可以说：患者的抵抗来自他的自我。如此一来，在诊疗中我们可以得知，最终只有解救出被归于潜意识中的内容才能体现出强迫性重复。①

① 我曾在别处表达过一个研究发现，即对治疗有所帮助的“暗示”才能解决强迫性重复的问题。这种暗示能够让患者对医生的指示更加顺从，深藏在潜意识中的父母情结便是它的根源。

毋庸置疑，这种来自意识和前意识自我的反抗是在遵从唯乐原则的控制下作用的。它尽可能想要避免那些因被压制的内容被释放出来而产生的负面情绪。我们现在努力的方向就是，通过现实原则忍让这些负面情绪。那这种体现了被压制内容力量的强迫性重复，与唯乐原则之间又有什么关系呢？显然，因为强迫性重复使得被压制的内容表露出来，所以它的大部分诉求都只会让自我感到不快。不过之前的分析就可以体现出，它并没有与唯乐原则相冲突。对于一个系统而言，它是负面的情绪，但对另一个系统而言，它却成了正面的。但我们在这里要指出一个新发现，因为它真的太奇特了。那就是有些过去的经历可能不会让人产生正面情绪，既没有让人快乐，也没有使被压迫的本能得到满足。

早期婴儿的性生活因本能和现实不相容，并且与儿童的发展阶段不符，最后走向终结。在最为兴起的时候经历了最为痛苦的事情，伴随着令人伤心的原因。失败的经历和爱的丧失所带来的伤害，让他们患上了自恋型创伤症。根据我的经验以及马尔西诺夫斯基的观点，这也是为什么神经症患者总会有很强烈的自卑感。由于现实对身体本能欲望的限制，孩子对性的探索不可能得到满足，所以很多人成年后会有这样的挫败感知：我总是一事无成的。孩子在幼儿时期通常与异性家长存在一种特殊的情感关系；但这种联系并不会真的满足孩子的本能欲望。他无力改变异性家长根本不会满足他需求的现状，所以他会对新生儿产生忌妒的情绪，因为孩子会认为，新生儿证明了异性家长这位寄托了他情感的人对他不忠诚。他曾寄希望于自己能够生一个孩子，但这是根本不可能完成的事情，它以一种羞耻的方式告终。儿时感到的温情在教育的要求不断提高，以及严厉的责备和偶尔遭受的惩罚后变得越来越少，这一切都让孩子觉得自己被他人深深鄙夷。对于儿童时期最具代表性的爱宣告结束的方式，通常能够找到特定的轨迹。

神经症患者非常熟练如何在移情作用下重新激活这些不被喜欢的诱因和痛苦的情感状况。他们想要打断治疗的进程，只渴望重复被人鄙夷的痛苦经历，所以他们会要求医生指责、漠视他们。他们为自己的忌妒找到了新的移情对象。他们不再惦记那个他们没能生下的孩子，而是要求别人送自己极其贵重的礼物，或作出极重的承诺。在以往，所有这些事都无法让他们产生正面的情绪。一种假设是如果今天这一切不是现实，而只是作为回忆或梦境出现，可能也不会产生这样多的不愉快。这其实是那些没有被满足的本能做出的事，但是患者却没有从过去这些不但没有产生正面情绪反而引发了更多的不愉快的经历中汲取任何教训。这些行为也如同受到强迫一样，继续不断重复。

在未患神经症的人身上也会出现精神分析学家发现的存在于神经症患者的移情现象。它通常让人觉得，这好像是被什么控制了，并不是主观想要发生的事情。但精神分析从一开始就点明，这些人的命运大多数都受婴儿早期影响，就算这些人身上没有出现任何神经症冲突导致的症状，但他们身上表现出的强迫性，和神经症患者的强迫性没有丝毫不同。我们发现，有些人的人际关系最后都会落得一样的下场：他们乐于助人，为不同的人提供各式帮助，却在一段时间后被别人厌弃，仿佛要尝尽遭人背叛的苦头；有些人结交的每一个朋友都会背叛自己；另一些人在自己的一生中不停重复这样的过程——公开支持一个人，把他推举到领域的巅峰，过一段时间后再亲自把他推翻，重新选择拥护别人。有些在爱情中深情的男子，他们与女人的亲密关系也会经历这样相同的阶段，再以相同的方式告终。我们之所以会对这种“同一事物一再反复”的情况感到惊讶，是因为这一切并不是出于主观思考做出的行为，我们在他们身上也找不到任何一成不变的、可能造成同样经历不断重现的性格特征。更加让我们感到难以置信的是，有些当事人什么都没做，只是被迫遭受一切，却依然经历了同一种命运。比如，一位妇人连结三次婚，但她的三任丈夫都在结婚不久后患病，后在她的照料下去世。[①]在浪漫史诗《被解放的耶路撒冷》中，塔索以十分动人的方式描述了类似的传奇命运。英雄唐克雷蒂在不知情的情况下，杀死了因穿着敌军骑兵的衣服与他作战的深爱的爱人克洛琳达。唐克雷蒂将爱人埋葬以后来到了一片神秘的森林。这座森林阴森恐怖，曾吓退了十字军成员。在森林里，唐克雷蒂用剑劈开一棵参天大树时，发现有鲜血顺着树干从切口处涌出。此时，他听到了被禁锢在树中的克洛琳达的灵魂对

① 卡尔·古斯塔夫·荣格在《父亲对个体命运的意义》中作出了恰当的评价。

自己的抱怨，因为他又一次杀死了自己的爱人。

我们思考一下移情行为和人类的命运的论证，可以尝试进行推测，心理确实存在超越唯乐原则的强迫性重复。现在，我们似乎可以把之前研究的因外界创伤而得了神经症的人的梦，以及孩子创造游戏的原因全都归入这个情况。不过，我们必须认识到，在大多数情况下，我们只有借助其他原因才能解释这种强迫性重复的现象。在对儿童的游戏进行分析时，我们已经强调过，还可以用其他理论解释它的存在。如此，强迫性重复似乎与直接产生正向情绪的本能建立了紧密的关系。移情作用很显然是被自我在抵抗压制时胁迫使用了，而且联合了原本已经决定接受治疗的强迫性重复。我们经过理性思考后，似乎已经比较了解所谓的命运的强迫现象，所以也就不用再把它当成一种新的、神秘的原因来解释了。

或许意外事故引发的梦才是最可疑的，但仔细想想，我们必须承认一点：哪怕是在其他案例中，我们已知的原因也不可能解释所有的事实。我们要为强迫性重复的存在辩护，而且理由充足。强迫性重复与被它挤到一边的唯乐原则相比，好像更加原始，更加基础，也更像是一种本能。如果心灵之中真的存在强迫性重复，那我们当然急切地想要了解它的功能和它起作用的前提，还有它与唯乐原则的关系。毕竟截至目前，我们一直相信唯乐原则主导着心理的兴奋过程。

第四章

下面的论述仍需要更多理论支撑，而且每一个都非常大胆，读者可以根据自己的认知表达主观的态度。它的目的是围绕某个观点持续进行研究，而我们感兴趣的是，这么做到底能够得出什么结论。

我们通过研究潜意识过程中得到的印象，产生了一种精神分析猜想：意识只是心理的一个特殊功能，而不是它最普遍的特征。如果用心理玄学的术语说，意识就是一个被称作“意识系统”的特殊系统的成就。因为从本质上来说，意识不仅是对外界接收兴奋感的感知，也是来自心理中枢内部的正面和负面情绪的感觉，所以我们可以在空间上给这个“感知—意识”系统一个定位。这个系统不仅面向外部世界，也包含内部的其他的心理。观察多了就会看出来，这种猜想其实没有什么新东西，它只是采纳了一大部分局部解剖学对大脑结构的分析。根据这些已有的分析我们看得出，意识产生于大脑皮层，也就是这一中枢器官的包裹层中。这是解剖学给出的结论，所以大脑解剖学不必解释意识为何停留在大脑皮层，而不是更深层的地方。或许我们在“感知—意识”系统的基础上进行的推导，有助于解释这个问题。

意识并非意识系统过程中的特质。从已知的精神分析研究结果来看，我们可以知道的是，每一个来自别的系统的接收兴奋感过程都会进入意识系统，并在那里留下长久的痕迹，成为记忆的基础。这些痕迹的记忆与进入意识的过程没有任何关系。当留下记忆的过程是以前从来没有进入过意识的过程时，它反倒会带给人更长久而深远的影响。不过令人难以置信的是，这些接收兴奋感过程在“感知—意识”系统中会留下永久性的痕迹。如果这些痕迹是有意识的，那么它们很快就会对整个系统接纳新接收兴奋感的能力产生限制；不过假如它们留在潜意识里，那我们必须证明潜意识存在于这个伴随着意识现象运行的系统之中。我们假设意识化过程来自一个特殊的系统，不过这既不会改变什么，也不会让我们有所收获。尽管这一猜想没有足够的必然性，但我们还是不妨假设：对同一个系统来说，出现意识和留下记忆是互不融合的过程。在意识系统中，我们可以说，兴奋过程进入了意识，却没有在那里留下永久性痕迹；随着接收兴奋感的延伸，这些支撑回忆的痕迹来到了下一层级的内部系统中。1900年，我出版了《梦的解析》一书，在其中推论的章节放置了一张图表来说明这个问题。由于我们很少能从别的渠道获得有关意识出现过程的消息，我们只得承认，“意识取代痕迹出现”这一说法是有一定合理性的。

因此，意识系统可能具有以下特征：与在其他心理系统中不同，“意识系统”中的接收兴奋感过程对它的本质不会造成难以挽回的改变，它在形成意识的过程中早已消失。对此，我们只能通过这个系统的独有特征去理解这种不常见的现象。我们很容易由此想到，由于意识系统会直接接触外界，所以与其他系统是不一样的。

我们现在尝试用一个不那么复杂的方式来理解有机体的结构，可以把它视作一个易兴奋并且尚未分化的囊。它的表皮与外界相接触，由于装置的特殊位置发生了分化，最终成为一个接收兴奋感的器官。胚胎学这门重视细胞的发育史的学科通过复原表明：而后发现中枢神经系统由外胚层发端，而大脑皮层灰质区源于原始细胞的表皮，或许也具有表皮的基本特征。我们由此很容易想到，囊表皮的物质在外部给予的极大兴奋感之下发生了一些变化，它的兴奋过程也与更深层次的兴奋过程不一样。最后，囊外部分化出了一个新皮层，它对兴奋感反应最大，也获得了接收兴奋感的有利条件，所以就不会继续发生变化了。如果把这一套挪到意识系统中，那就表示：在兴奋通过时，意识系统中的元素之所以不会发生永久变化，是因为它们已经做出了改变以适应这种接收兴奋感。作为补偿，它们还拥有了产生意识的能力。对于这种物质和接收兴奋感过程的改变是怎样发生的，可以有许多种解释，不过暂时仍然没有证据可以证明这个猜想的绝对合理性。通过这些分析和猜想，也许在从一个元素向另一个元素传递的过程中，兴奋感会遇到必须克服的阻碍。随着阻碍不断减少，接收兴奋感也就留下了不会消失的痕迹。在意识系统中，这样的阻碍是不会出现在从一个元素到另一个元素的过程中的。我们可以把这一观点与布罗伊尔的理论结合起来。在布罗伊尔看来，约束和自由活动在心理系统的元素中的可调动能量是不一样的。意识系统中的元素，不存在约束的可调动能量，只有自由活动的可调动能量。但我觉得，对这些不太确定的关系不能说得过于绝对。不管怎样，我们已经借助猜想，在意识的出现、意识系统的位置及其不寻常的接收兴奋感过程之间建立起了某种联系。

我们还要讨论一下囊及其接收兴奋感的皮质层。这种皮质层非常不起眼，却游走在拥有强大能量的外部世界中，如果没有防止过度接收兴奋感的办法，很快就会被外部世界所给予的兴奋感消灭。为此，囊最外头的表层需要调整原有的结构来避免这一切的发生，用类似产生无机体这种没有生命的物质的方式，形成一层用来抵御接收兴奋感的外壳或包膜。也就是说，有了这个表层，只有一小部分外界的影响会被传导到下一个有机层，并由其处理接收到的这些将防护层穿透的兴奋感。因为外表层受接收兴奋感坏死，从而保护了深层不会再因过度兴奋而死。至少在外界强行给予的兴奋感将防护层冲垮之前，这样的情况能够稳定下来。对于有机体而言，比起接收兴奋感，防护如何不被兴奋感冲垮则更为重要。由于它内部自身具备一些能量，所以必须对内部能量特殊的消耗方式加以保护，从而不会导致自身被外部能量摧毁。因为它们追求的目标相同且过于强烈，由此带来了称得上是毁灭性的影响。它之所以能接收到外界带来的兴奋感，只是想要了解更多关于外界兴奋感的目的和手段，所以并不需要过多的接触。在高度进化的有机体中，囊之前接收外界兴奋感的皮层只有一部分还遗留在表面，与普通的保护层紧挨着，其余部分则回归内部深层。仍留在表面的部分就是感觉器官，它们不仅要接收外界给予的特定兴奋感，也要防止过强的兴奋感影响内部，以及抵抗会伤害自身的不妥的兴奋感。它们一般只处理极少量的外部接收兴奋感，也就是只从外部世界采样。或许我们可以用一根根触角来形容它们：它们当然要对外部世界进行试探，但总是稍稍接触就回来。

我想要做一个假设，这其实非常值得深入研究。根据精神分析理论已有的成果，我们或许可以对康德曾经描述的原理进行进一步探讨。康德说过，“时间和空间是思维的必然形式”，但在精神分析的认识面前，这句名言的正确性还有待商榷。我们发现，无意识的精神过程不具备时间性。这表示其实潜意识所传递出的信息没有时间顺序，我们想要以时间为根据分析潜意识是不合理的，潜意识也不因时间而改变。不过，只有在与意识心理过程进行对比时，这些隐性特征才会显现出来。我们抽象的时间观念，好像就来自“感知—意识”系统的工作方式。同时，它与这一系统的自我感知也是逻辑相通的。一个系统以这种方式运作，就需要采取其他方法抵御接收兴奋感。我知道这种表述仍然具有很多谜团，但目前我不能让我的论述超出已有的结论和信息了。

前文里提到，有生命的囊是怎样抵御外部世界的接收兴奋感——依靠的是一道防御层。同时，我们也相信，紧挨着它的有机皮层分化成了一种感觉器官，专门接收外界给予的兴奋感。这一敏感的皮层同时接收来自内部的兴奋感，与后来的意识系统一样。这个系统的定位及它接受内外接收兴奋感的不同条件，都严重影响着它和整个心理中枢的功能。由于面向外部世界的一面有接收兴奋感防御层，只能感知到经过过滤的外来的兴奋感；而面向内部的一面没有接收兴奋感防御层，所以来自深层的兴奋感可以运用直接、未经缩减的方式对整个系统产生一定的作用。人们从这接收兴奋感过程的某些特征中感知到了很多正面和负面情绪。但是，与外来兴奋感相比，内部接收到的兴奋感因强烈程度及其他比如振幅这样的质量特征，会更加适应整个系统的运转方式。不过，这些关系决定了两件事：第一，比起任何外部给予的兴奋感，人们更喜欢将正面和负面情绪的状态作为评估心理中枢内部过程的指数。第二，有些内部传导出的兴奋感给人们带来的是负面情绪，却因此被关注。大脑倾向于把它们当成外部给予的兴奋感而非内部传导出的兴奋感，以便调动一切抵御外界传递兴奋感的手段来防止兴奋感对于自身的过度影响。这就是投射的原因，它在致病过程中起到了重要作用。

以上这番思考，让我们进一步理解了唯乐原则如何支配。但我们还无法真正理解违背了这一原则的案例，所以继续研究是必要的。我们将那些强烈到能够突破接收兴奋感防御层的外部兴奋称为“创伤性兴奋”。因为创伤表示穿透原本有效运作的兴奋屏障，比如外部伤害之类的事件，肯定会极大地阻碍生命体内部的能量，从而让整体的防御全部活跃起来以抵抗兴奋感的影响。在此过程中，唯乐原则首先被摒弃。既然我们已经无法阻止也无法改变大量兴奋感涌入心理中枢，那我们就只能在此基础上做好准备去征服这些兴奋感，并在心理层面上去联合约束它们，直至让它们消失。

或许，肉体外在感知到痛苦所产生的负面情绪和不适，就是防护层被兴奋感突破了的结果。此前这种兴奋感只来自心理中枢，而这时，外界疼痛正不停地从皮肤边缘向大脑传送。那么心理中枢该如何面对这些外界突如其来的刺激呢？内部会从各个部位聚集能量以便在被突破的区域灌注足够多的压力给外界刺激。其他的心理系统会为了让心理中枢得到足够多的能量从而降低活跃度，这就会导致其余的心理功能停滞或减缓。这会告诉我们什么？我们要在这个现象的基础上进行心理玄学猜想。从这一连串的互相配合中可以得出结论：一个整体如果拥有强大的能量调动能力，就可以平稳接纳外来的刺激，并可以在心理上对所有调集而来的能量加以约束和运用，使其成为行动中可以自由支配的能量。自身可调动能量越强，约束力也就越强。反之，可调动能量越弱，整体就很难不去抵抗外界所带来的所有能量，以及不得不接收兴奋感后防护层被突破的下场就越惨烈。当然这个观点也不是被所有人接纳的，也会有人支持突破点周围的可调动能量之所以会增加，是因为入侵的能量当场被转化成了自己的可调动能量。但这种观点是有漏洞的，因为上述的不同观点只能解释心理中枢中的可调动能量为什么会增加，解释不了为什么别的系统会配合降低自己的活跃度，从而让人感知到好像产生了负面情绪。而我们给出的论述则能够合理地与产生的强烈痛苦这一现象融合，因为这些感知是自己出现的，就像条件反射一样，心理中枢并没有对其有所干预。因为我们不够了解心理系统本质中的接收兴奋感的过程，所以任何的猜想都是不可以当作论证的，所以我们将其称为心理玄学的讨论具有很大的不确定性。一切推导出来的论证和关联，都有不可控的因素存在。这一过程由不同数量的能量完成，不难推导出结论。在我们看来，它的其他质量特征可能不止一种。近来，我们还研究了布罗伊尔的理论，认为有两种不同的能量满足方式：一种是心理系统及其元素中可以约束住的可调动能量；另一种是自由流动的、想要释放的能量。当然还有另一种猜测似乎也有道理：涌入心理中枢的能量，其状态从自由流动转化为可调动能量，并由此受到了约束。

如果是这样，我们可以假想接收兴奋感保护层被大规模冲破后会引发常见的创伤性神经症。如此一来，传统的、幼稚的休克论就说不通，而心理学理论更具有逻辑也更让人信服。心理学理论强调，惊悸和对生命的威胁才是致病因素，与物理伤害影响无关。这种矛盾是可以调解的，但在对待创伤性神经症的看法上，精神分析理论显然与最为粗陋的休克理论形式是不一样的。休克理论认为，神经元素的分子结构或组织结构受到破坏才是导致创伤的原因，而我们则在各种心理结构接收兴奋感防御层遭到突破及由此导致的一系列调动和心理变化中寻找原因。对我们来说，惊悸的意义非常重要。产生惊悸有一个重要的与众不同的前提，就是对恐惧毫无准备，这使得最早接收兴奋感的结构中出现了可调动能量不足以抵抗外界刺激的问题。因此，这一系统难以约束外来的兴奋感，而兴奋感防护层被冲破后，内部会产生无法估量的后果。我们认为，在最早接收兴奋感的系统中储备足够的可调动能量，就是对恐惧的准备，这是应对外界兴奋感冲击的最后一道防线。通过很多创伤案例可以看出，一个整体对恐惧准备得是否充足，直接影响到对整体伤害的程度。当然，倘若创伤的强度过大，那这一切就完全不重要了。因意外事故患上神经症的人，总会在梦中一次次回忆起事故发生的场景。但这种梦并非为了满足愿望，也不是唯乐原则引起的幻觉。我们根据研究经验猜测，这种梦有某项任务，而且必须在唯乐原则起作用之前完成这项任务。这种梦努力用引起恐惧的方式征服兴奋感，因为之前诱发创伤性神经症时对恐惧毫无准备。这些梦使得我们了解了心理中枢的作用方式，它既不依赖唯乐原则，又与唯乐原则没有矛盾，还比想要产生正面情绪、避免产生负面情绪的目的更加原始。

绝大部分人认为梦是为了满足愿望，但万事皆有例外。我始终强调，恐惧的梦不是例外，当然那些受罚的梦也不是，因为它满足了人在心理良知的逼迫下情愿认罚的愿望，也就是说梦用可控的惩罚取代了被唾骂的愿望。但我们不能用愿望满足来解释这类由意外事故引发的神经症患者的梦，那些想起童年心理创伤的梦也不属于此类，它们是在遵从某种强迫性重复。在进行精神分析的过程中，我们试图通过暗示促使患者将那些被遗忘或压制的事情回忆起来，这时患者就会出现这种强迫性重复的现象。所以，尽管梦能够满足导致困扰的冲动，进而将影响睡眠的原因消除，但这并非它的原始功能。这一切只有在唯乐原则掌控整个心理中枢后才可以实现。如果真的存在超越唯乐原则的事物，那梦在某一时期内或许并非为了满足愿望而存在的。不过，这不会影响梦随后发挥它的作用。然而，一旦出现了这种情况，新的问题也会随之而来：在精神分析的范围之外，会不会出现这类为了在心理上对创伤性印象进行约束而陷入强迫性重复的梦呢？答案当然是肯定的。

我曾经写过，只要“战争神经症”中不只包含引起痛苦的原因，就很可能是自我冲突所引发的一种创伤性神经症。我们在本文第二章中也提到过，假如外界的伤害同时也给人造成了肉体损伤，神经症发病的机会就不会如此之高。假如我们考虑到精神分析研究一贯强调的两层关系，就很好理解这一点了。

第一，本能欲望的来源之一是机械兴奋；第二，如果一个人长期处于极度痛苦的患病状态，也会严重影响力比多的分布。因此，创伤的机械力量会使大量的性接收兴奋感解放出来，让它们在对恐惧准备不足的情况下，产生创伤性的效果。如果同时出现身体损伤，那自恋性的可调动能量就会在受损器官中集结起来，以约束多余的接收兴奋感。有一个现象是众所周知的，但它并没有得到力比多理论的足够重视：力比多分布非常紊乱的疾病，比如抑郁症，可能会因为间发的机体疾病暂时消失，就连已经完全成形的精神分裂症，在上述情况下也会暂时得到缓解。

第五章

接收兴奋感的皮层缺乏对内部兴奋感的防护，使得这类兴奋传导拥有较大的经济学优势，甚至往往引发与创伤性神经症一样严重的障碍。机体本能是这类内部兴奋感最主要的来源。它们代表了所有产生于身体内部，被传导到心理中枢中的影响，是心理学研究中最难以定论但也最重要的内容。

做一个基本的假设：由本能引发的兴奋感，并非那种被约束的可调动能量，而是能够自由活动、想要被释放的兴奋感。对梦的工作原理进行研究后可以很好地了解这一过程。我们发现，潜意识系统和（前）意识系统过程在本质上有着明显的区别。潜意识中的可调动能量能够轻易被完全转换、移动或压缩。在前意识中如果发生同样的情况，就大事不妙了。梦按照潜意识的工作原理加工来自前意识的回忆经历，所以显性梦境出现了新的特征。为了把这类潜意识中的过程与常人清醒时的第二层过程区分开来，我把它称为“第一层过程”。因为所有的本能的主要攻击目标都是潜意识系统，所以它们顺理成章地遵循“第一层过程”。此外，我们可以轻易地发现，心理的“第一层过程”等同于布罗伊尔所说的“自由活动的可调动能量”，“第二层过程”就是“被约束或需要加强的补充能量”。如此一来，较高层次心理中枢的任务，就是对到达“第一层过程”的本能冲动加以约束。如果这一过程出问题，就会产生一种和创伤性神经症相似的伤害现象。只有成功完成这一过程，唯乐原则及现实原则才能持续占据掌控的主导位置。在此之前，心理中枢的首要任务是征服或约束内外传导出的兴奋感。虽然这一点与唯乐原则并不矛盾，但也不用依赖它，甚至并没有遵循唯乐原则。

从我们所说的儿童早期心理行为和精神分析治疗经历中可以很容易看出，强迫性重复具有欲望特征。在它与唯乐原则有相悖的地方时，还会呈现可怕的表现。我们在研究儿童创造的游戏时可以看到，孩子不停地重复痛苦的经历，是因为这种行为有助于他彻底摆脱曾经痛苦的经历对他造成的影响；如果只是被动地经历，是无法完成心理上的彻底痊愈的。每一次重复性行为，都让孩子更接近自己想要得到的关于这件事的结果。当然孩子们也会不断重复让他们开心的经历，并且在重复过程中能够让情绪和反应保持与第一次相同的状态。在大人的世界里，第二次听同一个笑话，就觉得没有那么好笑了；第二次看同一场戏剧，也不可能产生如同第一次观看时的情绪和感知；看完一本书，即使再喜欢这本书，也很少有人会立刻重新开始读第二遍。但孩子却不停地要求大人重复为他表演，或是陪他重复做同一个游戏，直到大人累到不想再继续陪孩子游戏。我们其实可以看到，一旦儿童听到一个喜欢的有意思的故事，就会不断要求重新听这个故事，而不是要求换新故事听。他坚持要求重复的故事每一遍都要完全一样，甚至在讲故事的人为了让故事不乏味而对故事进行一些改动时，他还会把不同之处纠正回来。这一切仍然符合唯乐原则；显然，不停地重复同一件事，不停地确认事件的同一化作用，就是孩子可以产生正向情绪的方式。而被研究的分析者一再重复儿时经历的强迫性重复，显然超出了唯乐原则。患者好像个幼年时期的孩子，说明他那些被压制的记忆痕迹并没有受到相应的压制，因而不适用“第二层过程”的理论。而且，恰恰因为这些记忆没有受到约束，它们才可以与正常生活中的经历结合起来，形成了梦境中的幻想。在治疗结束后，我们需要让患者完全脱离医生的引导，这种强迫性重复也会阻碍治疗。而可以得知的是，那些不熟悉精神分析的人之所以会有所抗拒，宁可让记忆消失也不愿去配合医生回忆起来，其实也是害怕出现这种可怕的强迫性重复。

不过，欲望本能与强迫性重复又有什么关系呢？现在我们可以做一个猜测，欲望乃至所有的机体生活或许具有某种我们尚未了解和论证的特征，至少我们还没有重视和了解。欲望可能是有机生命体中存在的恢复事物早期状态的需求。在此之前，迫于外部干扰因素的影响，生命体放弃了这种状态。所以，欲望表现了机体的弹性，或者说表现了机体生活的惰性。[①]

在之前似乎并没有什么人谈到欲望的这一观点，因为我们已经普遍了解了欲望不停滞随时想要变革的这一特质，但现在我们要翻过去看看它对于有机体保守的这一个特点。其实我们

① 我认为对于欲望本质早就出现了类似的猜测。

可以从动物世界中找出非常恰当的例子，论证欲望本能变革这一特质的局限性。一些鱼类在产卵期必须要去到远离自己熟悉的栖息地水域产卵。对此，许多生物学家给出的解释是，它们其实是在寻找自己曾经住过的地方，候鸟在特定时期开始长途迁徙，原因也在于此。其实仔细研究过后就可以看出，我们没必要特意寻找案例，因为我们可以从遗传学和胚胎学所提供的证据中找到生命体强迫性重复的证据。我们发现，在特定动物胚胎生长发育的过程中，在并不充裕的时间里，需要将自己所在种类进化过程中的每一种结构形式全部重复一遍，它们并不是迅速地形成我们看到的最终形态。到目前，我们只能用机械性原因解释这一行为的很小一部分，所以不能舍弃历史性解释。此外，某些动物种类还可以再生，为了让自己继续活下去，必须要尽快长出一个与缺失的旧器官一模一样的新器官。

可能有人会说，不仅有那些追求重复的保守欲望，还有追求创新和进步的欲望。这个问题我们稍后再谈，现在先暂时搁置。我们现在先论证“一切本能都有恢复早期状态的倾向”这一假设。一定会有人觉得这是天方夜谭，但我们知道这绝不是胡乱假想出来的。我们对这个论题需要更清晰的研究结论，以及后续以此为基础的更深层次的思考，无论如何，我们需要更准确的证据和强力的论述。①

如果说“所有机体欲望本能是想要归于传统的，都想要退化到之前的状态”这一假说成立，那么机体的进化肯定受到外界影响和引导才能发生的。如果从最原始的时候生命体就不想改变，它们更愿意在一成不变的条件下不停地重复相同的生命过程，那么最终在人类机体的发展中，只有地球的发展史及其与太阳的关系才能让人类产生不得不发生的变化。因此，传统的机体不得不在强迫下进行生命的变化，这个过程经过一段时间后，它们暂时消失在生命中而后再生。其实，它们只是以被迫和重复两种途径完成所谓的进化，却让人产生了一种人类似乎在不断寻求变革和进步的假象。而且，也很容易看得出来机体这一追求的最终目标是什么。如果生命的目的地是从来没有到达过的状态，那这与本能的保守本性相违背。因此，最终目

① 我们不要忽视一点：下面的论述都是考虑极限情况的结果。我们在后面研究繁殖本能时，会重新调整现在的这个逻辑。

标肯定仍是传统的原始状态，生命体曾经在诸多影响下产生变化，从而被迫远离了原始状态，但又在不断变化中主动地想要回归原始。我们知道，所有的有机生命最终都会死亡，回到无机状态。那么我们就可以得出一个结论：所有生命的终极目标都是死亡。也就是说，在有生命的事物存在以前，无生命的事物先出现。

随着变化不断地增加，无生命的物质在一种不知何故的影响下出现了有机属性。这个过程可能类似于生命体在某个特定阶段产生意识的过程。那些没有生命的物质在具有了有机性后，产生了一种回到原始状态的紧绷感，于是就出现了最初的、回到无机状态的念头。原始的有机体的生命可能十分短暂，所以对它们来说变回无机并不是难事，这取决于早期生命的化学结构。在很长一段时间里，世界不断产生新的生物，然后它们迅速死去，后来外界开始发生重大变化，使得能够在巨大影响下存活下来的生命体与原先的状态开始出现不同的生活路径，这就导致想自主决定死亡的愿望变得越来越难以实现。生命体中保守的本能将走向死亡所要经历的事情完全保留了下来，成了今天我们看到的生命现象。假如我们坚持认为欲望只具备保守的属性，那么生命的起源和目标的其他猜想也都不会成立了。

其实有机体生命被强加于身的一大堆欲望与这些结论一样，并不让人觉得熟悉。如果说“一切生命体都具有自我保存的意识”这一假设成立，那么这与所有生命体追求的最终目标都是死亡的前提矛盾了。从这个角度来说，自我保存欲望、出名欲望和权力欲望的理论意义大减。它们只是欲望的一部分，其作用是保证生命可以按照确定的路线走向死亡，而不会发生不可预知的其他死亡方式的可能性。有机体为了维持生命的神秘追求可以不顾一切，但这暂时与我们讨论的一切无关，所以暂且搁置不论。最后还有一点：生命追求的是死亡方式的自由，起初生命的守卫者也一心追寻死亡。于是就出现了矛盾：在一些外部的影响下，生命体奋力抵抗，不想跟随这些影响，但其实这些事情反倒有助于它们尽快实现最终目标。这一行为刚好说明，想要回归到无机状态不是理性的追求，而是来源于本能。

但情况不应该是这样的！在神经症学中拥有特殊地位的繁殖本能，就具有完全不同的特征。并不是所有的有机体都会妥协于外界的影响，并在它的影响下变化成不是最初追求的状态。直到如今，仍有很多有机体始终停留在较低的发展层次上。一部分生命体的状态始终保持着类似于植物和高等动物的原始状态。同样，并非所有基本有机体在构成了高等生物的复杂躯体后，又随它们走向死亡。有些生命，比如胚胎细胞，或许就将生物体的原始结构保留了下来，并在一段时间后与整个有机体分离，只带走了所有遗传和新获得的欲望因素。它之所以能够独立出来，或许就是因为有这两个特质。在合适的条件下它们就会开始发育，从而出现重复出生这一现象。最后，其中一部分物质成了新的胚胎细胞，再次回到发育的起点，另一部分则继续着既定的生命过程直至死亡的终点。这样看来，新生的这些胚胎细胞似乎成功地反抗了生命体对死亡的本能诉求，看上去真的出现了永生，虽然这大概只是将死亡暂且推迟了的假象。

胚胎细胞要想具备上述能力，必须先与另一个与它相似或不同的细胞进行结合。我们需要关注这些比个体活得更久的基本有机体的命运，仍然认为死亡是最终追求的胚胎细胞在难以抵抗外来兴奋感时保护生命体的安危，促使它们与别的胚胎细胞产生结合的欲望，就是繁殖本能。与其他欲望一样，它们也是保守的，都想要回到生命体早期的状态。不过，它们更加保守，对外界传递来的影响的抵触非常强烈，而且因为它们把生命保持了较长一段时间，所以它们还有另一层意义上的保守性[①]——繁殖本能与其他的都不同，这是生的本能，别的欲望都让生命体追求死亡。在很早之前，神经症学就认识到了这个矛盾的重要性。生命体似乎对一切都不太确定：一种本能试图尽快将生命带到终结从而实现生命的终极目标；另一种欲望到达某个特定的地方就开始回转，它们开始准备重复这段路，最终达到将生命终点不断推后的目的。不过，即便在生命初期不存在两性的差别，也没有确立繁殖本能时，那些之后被归为繁殖本能的传统本能，有可能从生命出现的那一刻起就在做自己该做的事情了。它们和自我本能[②]的对抗，也许从出生就开始了。

① 我们要想追求进步和更高层次的发展，就必须依靠这类欲望（具体见下文）。

② 这里提到的“自我本能”并不是一个固定的名称，只是因为最早的时候精神分析是这样为它命名的。

现在我们再重新思考一下这样的猜测是否有依据且合理。生命体之中是否只有繁殖本能想要让生命长久而持续，其他欲望都希望重新走回生命的开始重复这段路吗？真的没有欲望想要到达从来没有到达过的状态吗？我在有机世界中确实没有找到反面例子。虽然动植物都有进化到较高层次的趋势，但我们在生命体中并没有找到任何本能的追求导致了进化的发生。一方面，进化的方向是不是朝向更高层次本身就不是客观存在的某种标准和规则；另一方面，生命科学表明了当生命达到较高层次时，总是会出现倒退和退化。而且，许多生命在青壮年时期的成长阶段就出现了退化。其实退化和进化形成原因差不多，都是为了适应外界对机体的影响。而将这种被迫的变化变成自身的快乐源泉，或许就是欲望在这两种情况下的作用。①

到现在，很多人仍然笃信人类能够有如今的思想、文化和

① 费伦齐从各种途径都得出了这样的结论（《现实感的发展阶段》）：“继续顺着这个思路思考，我们不得不承认有机生命中存在停滞乃至退化的倾向。而只有在接收到外部兴奋感后，继续发展和适应的倾向才会变得活跃起来。”

道德的成就，是因为在人的本能中存在想要追求完美的欲望，它不甘于平庸甚至会引领人类走向超人阶段。我们很难让这样的想法消失。但到目前为止，我们仍然找不到存在于我们生命中的这种欲望，所以我无法接受这一充满善意的幻想。对动物发展过程作出的解释，对于人类目前的发展情况似乎也完全适用。确实有少数人对自己极为苛刻追求完美，但这其实是本能被压制的结果。而且，正是在压制本能的这一基础上建立了人类文明的核心价值。受到压制的本能，并不是放弃了对于最初生命体终极目标的追求，想要实现，就必须不断重复掉头走回生命最初的那条路。任何办法、机制都无法消除它持续的紧绷感。其实，能够实现的愿望和想要实现的愿望的差别阻止了愿望不想变革的驱动力，用诗人的话来说就是“无挂无碍，一路向前”（这句话出自魔鬼梅菲斯托之口，见《浮士德》第一部“书斋”的第一章）。压制后的反抗已经彻底否决了想要后退回去的可能性。所以，即使是无法预知生命接下来会发生什么以及实现目标的希望，生命体也不得不继续朝着唯一的路线向前走。其实神经性恐惧症的形成过程，就是患者压制本能的过程。

它将生命体的本能趋于完美，但我们知道不可能每个人都能够有这样的欲望。尽管普遍存在实现这一目标的动态条件，但只有在极少数情况下，经济状况才容许出现这样的情况。

另一种可能性也值得我们注意：繁殖本能想要让生命体进行结合从而产生更大的机体，或许不被接受的完美欲望可以被这种努力所取代，又或许它能够与压制作用的效果一起，对被归因于完美欲望的现象作出解释。

第六章

到目前为止，研究结果找到了“自我本能”和“繁殖本能”的矛盾。自我本能的终极目标是死亡，而繁殖本能的终极目标是推迟死亡。不过从许多方面来看，我们对这一结果并不满意。更何况，只有自我本能才是保守的欲望，且与强迫性重复相对应。按照我们的猜想，自我本能的目标是回到无机体的状态，它的源头就是让生命出生。虽然繁殖本能的目标也是还原有机体的原始状态，但它的目标是让两个不同的胚胎细胞结合。假如结合无法完成，那么这些被选中的胚胎细胞就会像其他细胞一样死去。只有在这个前提下，繁殖本能才能推动生命体的繁殖，让生命物种一直有新生。繁殖和两个单细胞生物的交配到底会给生命体的发展过程带来哪些重要影响呢？我们暂时无法给出真正的结论。所以，假如之前的所有假说都被证明是不成立的，反倒能够让一切轻松起来了。这就表明，自我本能和繁殖本能并不矛盾，强迫性重复也没有意义了。

让我们回想一下之前提出的假设，看看有没有什么可以驳斥它。我们的所有推论都有一个共同的前提，那就是“每一种生物都存在追求死亡的本能”。这看上去根本不像假设，所以我们并没有想要去论证这一观点。我们已经适应了这样的想法，相关的专业人士也都没有异议。我们之所以这么理解，是因为这个观点让人觉得更温情一些。如果死亡就是生命的最终归宿，还注定要在死前将挚爱的人送走，那人们宁愿相信死亡是大自然所强加的规则，而不是生命体完全可以躲开的偶然。然而，为了能够轻松一些通过生命给予我们的考验，从而产生了这种对死亡本能上的笃定，但其实这或许只是猜想。初始状态的认知情况不是这样的，原始民众从未听说过自然死亡这一概念。他们认为身边的死亡事件的发生是受到了敌人的伤害或邪恶的摧残。如果想要论证这一观念，生物学是求证的最好选择。

如果我们探究了就会吃惊地发现，生物学家们在自然死亡这一论题上的观点也是大相径庭，甚至还在否认死亡这个概念的存在。我们根据“高等生物具有各自的最长寿命期限”这一事实，可以认为死亡与某种本能有关；不过，有一些大型动植物拥有了我们难以想象的长久寿命，这就驳斥了我们刚刚得到的结论。根据威廉·弗里斯的宏伟构想，一切生命现象，包括死亡，都具有时间性，而这些时间节点可以让我们观察到生物和太阳年之间的关系。而且在观察中可以看出来，外界对机体产生影响并迅速积蓄力量，从而导致生命的出生时间提前或延后。这就表明弗里斯坚信的法则并不是改变的唯一的因素，而且他的推论非常不变通。

或许我们可以借用奥古斯特·威斯曼对生命周期及生物体死亡作出的论述。他把生命分成生存和死亡两部分。死亡的部分针对的是肉体，是特定意义上的身体，只有这个部分才有自然死亡的情况。而身体中胚胎细胞或许没有死，这并不是一个绝对成立的推论，前提是胚胎细胞得到了特定的条件支持从而发展成新的个体，或者说细胞能够在一个新的肉体中继续生存。

虽然威斯曼的推论过程与我们完全不同，但他的观点与我们的十分相似，而这是值得我们注意的。威斯曼从形态学的角度对生命物质进行考察，进而发现其中有一部分被死亡控制，即不包括性和具有遗传因素的肉体。胚胎原生质是生存的另一个组成部分，它是生物繁殖的重要元素。我们研究的对象并非有机体，而是在其中发挥着重要作用的力量。通过它，我们可以对两种本能进行区分，一种是生命想要终结的死亡本能，另一种则是追求新生的繁殖本能。这一切听起来，就像是在补充威斯曼的形态学理论。

然而，我们在明晰了威斯曼对死亡问题的看法后，这种状似一致的最终观点其实并不一样。威斯曼的观点是，在单细胞生物中，个体和繁殖细胞是同一个，只有在多细胞生物身上，才可以区分出会死亡的肉体和不死的原生质。因此，他相信单细胞生物或许能够永生，在多细胞生物身上才有死亡的概念。这种高等生物出于内在原因会自然死亡，但并非源于生命物质的原始本性，所以不能认为绝对会在生命本质中发生。死亡只是一种暂时的办法，以适应外部条件，因为当身体细胞出现肉体和原生质之分后，追求个体永生就成了一种毫无意义的奢侈。

当这种分化在多细胞生物身上出现后，死亡就合理地成为可能。经过这样的推论，高等生物的肉体就因为某种内因在特定时间点会死亡，而单细胞生物则不会。不过，繁殖并不是伴随死亡而出现的现象，它是生物本来自带有的特质。从地球上出现生命起，就依靠繁殖不断产生新的生命直到今天。

其实，从我们的推论角度来说，知道高等生物会自然死亡这件事其实没有用。假如死亡并不是生物的天生特质，而是出生后再出现的特征，那就不存在从生命出现开始就有“死的本能”的说法了。多细胞生物当然有可能因为分化不健全或物质交换不完整而死亡，但这对我们的论题没有任何帮助。比起那种听起来有些陌生的“死的本能”，常人的思维更愿意接受这种死亡观点和它的推导方式。

我认为，由威斯曼系统引发的讨论并没有取得任何实质性的结果。有些学者又想起了哥特在1883年提出的观点，他认为死亡是繁殖的直接结果。在哈特曼看来，尸体这种象征着生命物质的部分死亡并不是真正的死亡，个体发展的结束才是。如果这个推论暂且成立，那么单细胞生物同样存在死亡。在它们身上，死亡与繁殖是共生共存的，但我们却更容易注意到繁殖而忽略了死亡，这是因为繁殖中幼体直接接收了母体的物质。

后来，学界又对利用实验研究单细胞生物生命物质的永生特征产生了新的兴趣。美国人伍德鲁夫用草履虫做了一个实验。草履虫属于纤毛虫纲，靠分裂繁殖。伍德鲁夫饲养草履虫，每次都取出其中的一部分放到清水中。到实验结束时，草履虫总计繁殖了3029代。新生的草履虫像它们的祖先一样，具有强大的生命力，没有丝毫衰老和退化的迹象。假如这些数据足够合理和坚实，就可以证实单细胞生物确实可以永生。

然而，别的研究者却得出了不同的结论。卡尔金斯、毛帕斯等人的研究结果与伍德鲁夫不同：在草履虫多次分化后，它们的身体变小，素质变差，甚至器官不全，如果没有任何的弥补措施，它们都会得到一个死亡的结局。通过这样的论述，我们可以得出一个结论：单细胞生物在衰老阶段后，也会像高等生物一样走向死亡。这就不符合威斯曼的观点了，因为他坚信死亡是生物后天获得的特征。

我们可以从这些研究中提炼出两点事实，为我们提供可靠的依据。

第一，假如草履虫在尚未衰老的时候可以交合再分开，那么它们就可以避免衰老，重获新生。这种低等动物的交合如同威斯曼所说的“两性融合”一样，仅限于两个个体进行物质交换，与繁殖没有任何关系。不过，这也是高等动物性繁殖行为的最初形态。当然，其他的外界所给予的刺激感，如温度的上升、营养液成分的改变或液体晃动，也可以产生类似于交合带来的补救效果。我们可以试着回忆一下雅格·罗布做过的著名实验：他利用化学刺激，促使海胆卵开始分裂，而这种现象原本只在受精后才会出现。第二，自然死亡很可能就是单细胞生物生命的最终结局。导致伍德鲁夫的实验结果和其他人存在差异的原因是他把新生的所有草履虫都放到了新的营养液里。假如他不这么做，就可以像其他研究者那样，看到草履虫在多次繁殖后逐渐衰老的现象。他认为，草履虫在营养液中新陈代谢所产生的废弃物造成了致命伤害。他甚至用真凭实据证明了只有草履虫自己的排泄物才能导致最终的死亡。因为如果草履虫生活在充满其他生物排泄物的溶液中，它是可以顺利繁殖的。

但是如果它们不断集聚在同一营养液中，最后肯定会走向死亡。因此，如果草履虫独处，就会因为无法完全清除自己的排泄物而死亡，高等生物同样也会。

这时就会产生新的质疑，通过研究单细胞生物来解释自然死亡到底成不成立。当然，单细胞生物的原始结构为我们揭示出重要的关系：虽然我们在单细胞的身上找到了特定的关系，但形态学特点在高等生物身上才体现。不过，如果我们不执着于形态学，转而从动态视角来思考，那么单细胞生物到底会不会自然死亡，就不必执着了，因为在它们身上还没有可以断定永生特质和死亡特质的坚实证据。从一开始，那些把生命体追寻死亡的本能一直在影响生命体，只是想要继续生存的力量与这种本能的作用力的对比不那么明显，所以我们才不容易发现它。此外我们还注意到，生物学家的观察结果表明，单细胞生物中的确可能存在导致死亡的内因。就算单细胞生物真的如威斯曼所说会永生，那“死亡不是生物的本能”这一判断也只支持了死亡的显性表现，仍然无法对死亡倾向的存在表示否定。现在看来，我们根本无法从生物学角度论证“追求死的本能是不存在的”这个原定目标。只要论证的结构足够完整，我们就可以认为死的本能是存在于生命体原生本能中的。即便这样，威斯曼对“肉体”和“原生质”的区分依然十分接近我们对“死的本能”和“生的本能”的区分，他们同样具有巨大的价值。

我们可以认为再对欲望二元论进行进一步讨论。通过对爱华德·赫林对生命物质过程论述的研究就可以看出，生命体中有两种过程其实是在矛盾中工作的：一种是建设性过程，即同化；另一种是破坏性过程，即异化。那么这两种过程有没有什么可以让我们认定生或者死的本能的存在合理性？在此，我还要提醒一点，我们在不知不觉中，已经进入了叔本华哲学的范畴。他认为，死不仅是生的目的，也是生的最终归宿，而繁殖本能代表的则是生的意志。

接下来我们需要一个清晰的头脑进行进一步分析。普遍观点认为，从单细胞变成多个细胞是为了延长寿命才整合成生命机体，也就是多细胞生物。这样的话每个细胞在整体中都可以为其他细胞提供帮助，就算有些细胞被迫死亡，这个多细胞生物也不会因此而走向死亡。我们在上面说过，两个单细胞生物的交合能够使它们焕活新生，以维持其更长久的生命。我们可以试着把精神分析的力比多理论与细胞间的关系联系在一起。这样来说，每个细胞中“生的本能”都在别的细胞身上去调节它们“死的本能”，从而达到维持自己的生命的目的，因为别的细胞也以同样的方式帮助它。此外，还有一些细胞在执行力比多任务的时候选择牺牲自己。在神经症学中，我们将个体留下所有力比多，不用它去影响别人的行为叫作“自恋”。毋庸置疑，胚胎细胞是极其自恋的。胚胎细胞需要保存力比多，即“生的本能”的表现，并将其用在之后其他的建设性活动中。如果这个逻辑说得通，那么足以摧毁生命体的癌细胞也是自恋的。病理学认为，癌细胞具有胚胎的生物特征，它的萌芽是天生存在的。因此，我们所说的繁殖本能的力比多，实际上与作家和哲学家口中凝聚一切生命的“性”没有不同。

至此我们可以再研究一下力比多理论的发展过程。通过研究转移性神经症，我们发现了作用于对象的“繁殖本能”与其他欲望互相矛盾。我们对其他欲望没有过多的深入研究，所以暂时将其称作自我本能。在这些欲望中，为个体保全自我的最为重要。对于真正的心理学来说，首要就是大致探求所有欲望的相同点和可能存在的特质，但偏偏就是在这个心理学领域中，我们必须更加谨慎小心。所有领域都可以随意谈论多种欲望或本能欲望，并和大众不断分享这些猜测和假说，就像古希腊哲学家把万物归为“水、火、土、气”四大元素一般。既然难免要猜测欲望，精神分析便采用了流行的将“饥饿和爱”作为关键词的欲望区分方法。最起码这不是无根无据的胡思乱想，也为心理性神经症的分析做出了一些贡献。必须将“性”这一概念以及由此引出的“繁殖本能”扩展开来，直到它将许多不属于繁殖功能的现象都包容进去。但这个思想被公之于众后，在这个严肃且冷漠甚至虚假的世界中，让整个领域陷入了非议之中。

在心理分析对自我意义的探索中，我们的研究已经取得了一些进展。开始的时候，自我只被看作是起了压制、反面和审查作用的主体，也是保护结构的建设者。尽管有些高瞻远瞩的人和批评家们早就对仅将力比多视为作用于对象的生殖本能的能量表示反对，但他们并未说明这一观点是如何产生的，以及它是如何有助于分析问题的。

精神分析在逐渐推进的过程中，发现力比多具有“回归性”，即它会定期被从对象身上撤回，在自我之中重新聚集。通过对婴幼儿时期的力比多发展进行研究，我们发现力比多最根本、最原始的储存容器就是自我，力比多正是从自我出发，并逐渐扩展到对象身上。自我不仅能够成为性对象，还是其中最重要的一员。当力比多在自我之中停留时，我们就说它们是“自恋”的。从精神分析的意义上来说，这些自恋的力比多当然也体现了繁殖本能的力量，其实它就是我们最初承认的“自我保存欲望”。如此一来，我们就不能用一开始以为的“自我本能”和“繁殖本能”的对立去解释一切问题了。有些自我本能拥有力比多的属性，繁殖本能也在自我之中发挥着作用，或许还有其他欲望参与了这个过程。不过，我们完全可以认为“心理性神经症是由自我本能和繁殖本能的冲突导致的”这一旧公式，不涉及任何我们在今天摒弃的内容。之前我们从质量的角度对这两种欲望加以区分，现在只是换成了一种类型学的视角。

转移性神经症作为精神分析的主要研究对象，更是自我和力比多作用对象发生冲突的结果。

现在，我们必须着重强调自我保存欲望具有力比多的特殊属性，因为我们鼓足勇气再进一步，把主导一切的性当成繁殖本能的内容，并将作用于自我的自恋型力比多从使躯体细胞相互结合的力比多中单独分离出来。如此一来，我们又遇到了上面的难题：假如自我保存欲望也拥有力比多的特征，那估计就不存在不具备力比多特征的欲望了。至少我找不到例外的情况。但如此一来，我们只好认同一些批评者的意见。起初他们就指出，精神分析用性去解释所有问题。或者，我们只好认同荣格等革新者仓促之间用“力比多”代替“欲望力量”的行为。但事实的确是这样吗？

至少，我们并不想要这样的结论。我们的观点，是以对“死的本能—生的本能”和“自我本能—繁殖本能”的明确区分为基础的。我们甚至一度错误地把“自我保存欲望”归于“死的本能”，但后来我们改正了这个错误。从一开始我们的观点就是二元的，而且这种二元对立在我们用“生的本能”和“死的本能”之间的对立将“自我本能”和“繁殖本能”之间的对立取代以后，就变得更加明显了。但荣格的力比多理论是一元的，他将一切性力量都称作力比多，这种分配肯定会让人有所困惑，不过这对我们没有太多影响。

我们猜测，在自我中不仅存在具有力比多性质的自我保存欲望，还存在别的欲望。原本我们应该有能力发现它们，但实际上，我们对自我的分析一直没有什么进展，现在我们还没有欲望存在的证据，这真是一件憾事。不过，自我中的力比多欲望与其他我们并不了解的自我本能之间一定有某种特殊联系。在我们尚未清晰地认识自恋之时，精神分析就猜测自我本能对力比多元素产生了吸引。但这些可能性都是不确定的，就连我们的反对者也不会考虑它们。更困难的是，迄今为止我们的分析只能证明的确存在力比多欲望，但我们不想就此断定不存在别的欲望。

由于欲望理论仍处于模糊不清的状态，所以排斥任何可能给我们带来启示的想法都是很愚蠢的。“生的本能”和“死的本能”之间鲜明的对立才是我们的出发点。而对象之爱又将第二种对立展现在我们面前，那就是爱与恨的对立。如果能将这两种对立结合起来，由一种推导出另一种，那就太好了！很早的时候我们就知道繁殖本能中有虐待成分。根据我们的了解，它可以独立出来，用一种不正常的方式对一个人所有的性追求加以控制。在被我称为“性器官前期”的发展阶段，它也作为占据统治地位的部分冲动出现了。但如何才能从维持生命的性中，将旨在给对象带来伤害的虐待倾向推导出来呢？虐待行为是一种死亡欲望，自恋的力比多将它从自我中排挤出来，所以才会出现在对象身上——这种猜测难道不是更合理吗？这时，虐待行为开始服务于性功能。力比多在口腔性欲时期，不惜以将对象毁灭的方式，实现爱的掌控。后来，脱离出来的虐待本能，在性器官主导的阶段终于接过重任，即制服性对象、实施性行为，从而达到了繁殖的目的。

我们甚至可以这么说，从自我中被排挤出来的虐待行为，为繁殖本能中的力比多指明了发展方向。接着，后者也陆续来到了对象身上。原始虐待行为中没有被削减或合并的地方，就是爱情生活中产生爱恨矛盾的地方。

假如允许我们做出这样的假设，那就使列举一个死的本能例子的要求得到了满足——尽管这时死的本能已经有所改变。遗憾的是，这种观点非常模糊，甚至有点神秘。肯定有人会怀疑我们为了尽快脱离窘境而不惜任何代价，但我们可以对此加以解释，这并非新的假设，在窘境还没出现的时候，我们就已经这样假设过。临床观察表明，部分受虐欲望与虐待行为互补，是虐待行为对自我发挥反作用的结果。实际上，欲望从对象到自我的转换，与这里新出现的欲望从自我到对象的转换是一样的。其实，把欲望作用于自我的受虐行为，就表现了一种回归早期阶段的退化过程。在此，我们需要修正一些从前对受虐行为过于绝对的论述：我此前要争辩的内容就是受虐行为也可以是原始的。①

① 就萨宾娜·斯皮尔莱恩的文章来说，内容和思想都十分丰富，但我却觉得讲得不够详细，她更早提出以上猜想，认为繁殖本能的虐待成分具有一定的“破坏性”。斯泰克（A.St・rcke）则用另一种方式，将力比多的概念和“死亡推动力”这一尚属理论假设的生物学概念联系起来。这一切努力（包括本文在内）都表明我们必须尽快弄明白仍然模糊不清的欲望理论。

现在，我们再回顾一下维持生命的繁殖本能。我们在研究单细胞生物时发现：即便两个个体在融为一体时没有完成交合，也就是说没有发生细胞分裂就很快重新分开，还是能够产生让细胞变得年轻而强大的效果。在之后繁殖出来的后代中，没有出现退化的迹象，它们对于自身新陈代谢所造成的损害似乎已经有了很好的抵抗力。

我认为，由此推断，性交应当也能起到类似的作用。但两个差别不大的细胞进行融合，为什么会产生这种惊人的效果呢？或许上文提到的那个单细胞生物实验可以给我们一个确定的答案：实验中用化学乃至机械接收兴奋感取代交合，表明它的作用原理就是引进新的接收兴奋感。这也符合下面的假设：个体的生命过程源于内在原因，向着消除化学紧张感的方向前进，也就是走向死亡；而与另一不同生命体的融合，能够放大这种紧张感，从而起到了延缓死亡的作用。这种情况有一种或多种理想状况。

既然我们认为，在心理乃至神经系统中占支配地位的是唯乐原则表现出来的这种保持、减弱、消除内部接收兴奋感的追求（也就是芭芭拉·勒夫提出的“涅槃原则”），那么我们就有足够的理由相信确实存在“死的本能”。

不过，我们的思考过程遇到了一个最大的困扰：在繁殖本能中，无法证实最初引起我们注意“死的本能”的强迫性重复。但这类强迫性重复现象倒是经常出现在胚胎的发展过程中。在有性繁殖中，两个胚胎细胞及其生命过程就是在重演有机生命诞生的过程；但繁殖本能想要实现的过程，本质上是两个细胞的结合。只有这样，才能确保高等生物的生命物质能够永生。

换句话说，了解有性繁殖的出现和繁殖本能的起源是我们的使命。这个任务或许会让外人畏葸不前，也是专家们还没有解决的难题。因此，我们将从众说纷纭乃至相互矛盾的观点中提取可以与我们的思考过程有所联系的内容，并进行简要的概括。

有一种观点认为，繁殖只是生长发育的一个组成部分，即分裂、发芽和抽枝这一系列过程中的一个环节，所以其中并没有神秘的接收兴奋感。根据达尔文学派的理性思维模式，两个异性繁殖细胞是这样结合的：在两个单细胞生物不经意交合的过程中，显现出了两性融合的优势；在之后的发展中，这一点不仅被保留下来，还被重复利用。[①]因此，“性”的历史并不是十分悠久，促成性交的十分强烈的欲望只是在不断重复某种过去时偶然发生的，却被当成优势一直保存至今。

在这里，我们又遇到了与探讨死亡问题时同样的难题：我们所认同的仅仅是单细胞生物让我们看到的现象，还是说我们能够假定只有在高等生物中才可以观察到的力量和过程，其实来自单细胞生物？在此之前，我们提到的对性欲的看法，几乎对我们的研究没有任何帮助。

人们会提出反对意见：它以最简单的生命体中也存在生的本能为前提，否则与生命轨迹相违背、阻碍死亡的交合，就不应该被保留下来甚至得到进一步发展，而应该被放弃。因此，如果我们不想放弃“死的本能”，就必须让它从一开始便与

① 威斯曼在《胚胎原生质》（1892年）一书中说：“受精绝不代表生命会变年轻或重现生机，也不是生命延续中必须存在的现象。它只是让两种不同的遗传倾向结合在一起的一种安排。”尽管威斯曼否定了这种优势的存在，但他也发现，这种结合的结果能够增强生命体的变异性。

“生的本能”结伴出现。我们不得不承认，如此一来，我们就要面对两个未知数了。此外，科学对性别的出现没有提出任何假说，也几乎没有任何说法。但在另一个地方，我们却找到了一个非常有想象力的假说。与其说它是科学解释，倒不如说它是一个神话。如果不是它刚好满足我们所追求的一个条件，我绝对不敢在此提及它。这个假说从回归早期状态的需求中，得出了一种欲望。

我指的当然是阿里斯托芬说出的那番理论，详见柏拉图的《会饮篇》。它不但对性欲的来源进行了论述，更提及了它转向对象的重要转变。

“过去，我们的身体与现在不同：首先，人有三种性别，而不是只分男女。还有一种性别是他们的结合……也就是雌雄同体……”在这些人身上，每一种身体部位的数量都翻了一倍，也就是说，他们有两张脸、四只手、四只脚、两个阴部等。后来，宙斯下令把他们一分为二。“如同封装水果罐头时把水果从中间对半切开一样……在他们被劈成两半后，相互的渴望又使得这两个部分再度结合在一起：他们伸出手拥抱彼此，在一起纠缠，想要重新合为一体……”①

我们是不是应该跟着这位哲学家的脚步，大胆做出下面的

① 以下我们要对柏拉图的这一神话起源进行讨论。在此要对维也纳的海因里希·贡佩兹教授表示感谢，因为下面也引用了他的部分原话：我想提醒大家注意，其实在《奥义书》中已经出现了相同的理论。在《大森林奥义书》第一章的第4.3小节（或者保尔·德森翻译的《吠陀六十奥义书》的第393页）中，对世界从真我（即自我）中诞生的过程进行了描述，其中提道：“……可他（即真我）也并不开心；一个人不开心，是因为觉得孤独。所以真我极度渴望再出现一个人。他的身材，如同男人和女人纠缠在一起那么庞大。所以他把自己劈开了，分成了两半，这样一来就有了丈夫和妻子。因此，耶若婆佉才说，其实男人的身体只有半边，需要由女人来填补空旷的另一半。”

《大森林奥义书》是《奥义书》中最传统的一部。所有研究者但凡有一点判断能力，都不会认为它是在公元前800年以后出现的。至于柏拉图理论是不是来自印度思想——即便只是间接来自其中——我的看法与主流观点不同，我不想轻易否定这一可能性。因为哪怕只从“转世理论”的角度来看，我们也不能轻易将其否定。这一理论最先由毕达哥拉斯学派提出，它一点都没有损害思想一致性的重要意义。因为如果不是柏拉图觉得这个从东方传到他耳朵里的故事很有道理，他也不会相信它，乃至赋予它如此重要的地位。

在1913年出版的《新编经典古代史年鉴》第三十一卷的第529页中，刊载的是康拉特·齐格勒的《人与世界的诞生》一文，作者在文中对柏拉图这一非常具有争议性的思想进行了系统的研究，并认为它的起源地是巴比伦。

假设：生命物质最初被分割成了许多小块，而后在繁殖本能的作用下不断重聚？无机物的化学亲和性，变成了有机物的欲望。在单细胞生物时期，周围的环境里充满了危险的接收兴奋感，但这种欲望慢慢克服了它们造成的困难。单细胞生物在周围环境的作用下，慢慢形成了保护皮层。最后，这些分散的小块构成了多细胞生物，并以高度集中的方式将重聚的愿望转移给了胚胎细胞？我觉得，到此应该告一段落了。

不过，我还是要说几句批判性的思考。可能有人会问："你相信这些假设吗？""你在多大程度上相信它们？"我会回答："我没办法用这些假设将自己说服，也不强求别人相信它们。或者说，我也不知道自己有多么相信它们。"

在我看来，情感意义上的"信服"，在这里没有任何作用。只要一个人愿意，就能跟着一种思想过程的脚步前行。他这么做，也许完全是因为对科学感到好奇；或者只要他愿意，他甚至可以为魔鬼辩护，但却不必向魔鬼献身。我当然知道，我推导欲望理论的第三个步骤，比起前两个步骤（对性概念进行扩展和提出自恋概念），具有更大的不确定性。前两个步骤的创新，都是直接把观察到的内容转化为理论，所以犯错的可能与正常情况下的理论转化相比并不大。当然，我们说欲望具有退化的特征，也是基于我们观察到的内容，即强迫性重复这一事实得出的结论。只是我或许高估了它的意义。但假如想把这一思想坚持到底，就不得不反复脱离观察结果，将事实和猜测结合起来。

我们知道，在构建一个理论的时候，越是不断重复上述行为，最终的结果就越是具有不确定性。但这种不确定的程度是难以预计的，人们可能幸运地猜对了，也可能由于走错路而感到羞耻。

在这类工作中，我并不相信所谓的“直觉”。我认为，直觉只是理智保持中立的结果。但是，在与科学和生活中的重大问题有关时，人们是很难保持中立的。我相信，在这样的问题上，每个人都会受到内心的偏见的影响，在不知不觉间被它们左右。面对这么多质疑，我们能做的可能只是在冷静中期待自己的思考努力可以得到好的结果。但我也要补充一句：这种自我批评，并不表示我对不同的观点的容忍度特别高。一方面，人们可以从一开始就对那些与观察结果不相符的理论表示坚决反对；另一方面，我们也应该明白自己的观点也只是暂时正确。我们对“生的本能”和“死的本能”作出了猜测，在对它们进行评判时，出现了许多陌生和不清晰的现象，比如一种欲望遭到别的欲望的排挤，或者欲望从自我转向对象。对此，我们不必感到困惑，这只是由于我们必须使用专业术语，即精神分析的图像化语言。不然的话，我们根本无法对这些现象进行描述，甚至完全感觉不到它们的存在。假如用化学或生理学术语去替换心理学术语，或许我们的描述就没有缺陷了。尽管这两者也是图像化的语言，但人们早已熟悉它们，而且它们也更简单一点。

在这里，我要强调一点：因为必须借助生物学展开论述，我们的猜测中会出现更多不确定的成分。生物学这个领域拥有无限可能，我们或许能从它那儿获得令人惊奇的答案，或者难以猜测它在几十年后将会怎样回答我们的问题。这个答案，可能会摧毁我们精心构建的猜想。如果情况确实如此，也许有人会问：“那我们为何还要记叙这一章节？”“为何还要公布它？”

但这里的一些类比、关联和联系，确实吸引了我的注意，这一点是我必须承认的。①

① 下面，我要对我们使用的术语作出解释，并说一说它们在叙述过程中发生的变化。“繁殖本能”一词，来自它与性别和繁殖功能的关系。虽然我们在精神分析结论的帮助下，将它与繁殖功能的关系进行了弱化，但还是保留了这个名词。通过提出“自恋力比多”的概念，再将其扩展到单个细胞，“繁殖本能”变成了“性”，后者努力使生命物质的碎片重聚在一起。我们将性中指向对象的部分总称为繁殖本能。按照我们的猜测，在生命诞生的时候性就发挥着作用，并作为“生的本能”与随着无机物具有生命而出现的“死的本能”进行对抗。我们假设这两种力量在原始时期就相互对抗，并希望借此揭示生命的真谛。可能“自我本能”这个概念的演化过程更加模糊。一开始，除作用于对象的繁殖本能之外的所有本能，都被我们称作“自我本能”，虽然我们对其中一些欲望没有太多了解。如此一来，“自我本能”与表现为力比多的“繁殖本能”就站在了对立的阵营。后来我们发现，有些“自我本能”也具有力比多特征，它们把自我当成了对象。这些自恋的自我本能也必须被归到力比多化的繁殖本能的阵营。于是，“自我本能”和“繁殖本能”之间的对立，就变成了全都具有力比多特征的“自我本能”和“对象欲望”之间的对立，并被“力比多欲望”和另一种欲望的对立所取代。它在自我之中存在，表现为破坏欲望。于是，这一对立就在我们的猜测中变成了“生的本能”和“死的本能”的对立。

第七章

如果欲望真的有一种普遍特征，即能够回归早期状态，那在心理中存在许多与唯乐原则无关的过程，也就没有什么好奇怪的了。这一特征的目的是回到发展道路上的某个特定阶段，它在每一部分欲望中都得到了体现，但并非每种不受唯乐原则控制的力量都必须与之对抗。我们到现在还不知道欲望的重复过程和唯乐原则之间到底有什么关系。

我们发现，心理中枢最原始、最重要的功能就是对到达那里的欲望加以“约束”，用“第二层过程”去替换在那里占据主导地位的“第一层过程”，使能够自由流动的可调动能量转变为基本保持稳定的静止能量。这一转变过程顾不上考虑不快的出现，不过这并不表示唯乐原则就这样被废弃了。其实，这一转变正是在为唯乐原则服务。对欲望进行约束，就是在为引入和确定唯乐原则的地位做准备。

让我们在前面的基础上，对功能和倾向进行更明确的区分。唯乐原则是一种倾向，它服务于一种功能，这种功能的任务是消除心理中枢中的一切接收兴奋感，或是使接收兴奋感保持在相对稳定甚至尽量低的水平。我们暂时还不能在这几个版本的任务之间做出选择；但很显然，我们定义的功能在所有生物回到宁静的无机世界的追求中起着一定的作用。众所周知，人可以感觉到的最强烈的乐趣，即性交的乐趣，与一种慢慢达到高潮却骤然消失的接收兴奋感有关。或许对本能的约束就是一种预备性功能，它为接收兴奋感最终消失做好了准备工作，而人在这一过程中则感知到了释放的乐趣。

另一个与此相关的问题，是受约束与自由的欲望过程是不是用同样的方式产生快乐和悲伤。显然，与受约束的第二层过程相比，自由的第一层过程向两个方向产生了更为强烈的感知。从时间上来说，第一层过程出现得更早，是心理最初唯一的过程。倘若唯乐原则对它不起作用，那就不可能在后来的第二层过程中确立统治地位。于是，我们得出了一个一点都不简单的结论：其实在初期心理层面，快乐是本能中最为强烈的追求，却因受到各种约束经常难以被满足。到了成熟时期，唯乐原则的统治地位已经十分稳固，但它和别的欲望一样，难以逃脱被驯服的命运。但不管怎样，在接收兴奋感过程中能够让人感到正面和负面情绪的事物，在第二层过程和第一层过程中都存在。

我们或许可以从这一点出发，继续深入研究。我们的意识不仅从内部将正面和负面情绪传递给我们，也向我们传递了一种不寻常的、仍然能够分成正面和负面情绪两部分的紧张感。这些不同的感知，是不是受约束和自由的能量过程分别造成的？还是说，紧张感是由可调动能量的绝对大小或水平决定的，而正面和负面情绪是由可调动能量在单位时间内的大小变化决定的？我们也发现，“生的本能”与我们的内在感知联系密切，因为它的出现破坏了和平，不停地制造紧张感，直到紧张感消失后让人感到痛快；而死的本能则默默地完成了自己的使命。从表面上看，唯乐原则好像是在为“死的本能”服务，但它同时也防备着被两种欲望视作危险的外界接收兴奋感。不过，它重点防备的还是来自内部的接收兴奋感增长，因为这会阻碍它完成生命任务。还有很多与此相关的问题，我们无法一一解答，只能耐心等待新的研究手段和研究机遇的出现。此外，倘若一条道路不能带来好的结果，那就算我们已经在那里逗留了许久，也要果断放弃。只有那些在抛弃基督教义问答手册后转去用迷信的方式来对待科学的信徒，才会对研究者进一步发展或改变自己看法的行为进行责备。另外，一位名叫弗里德里希·吕克特的作家对科学进展缓慢的清醒认识，或许可以带给我们一些慰藉：

若飞行难达，则必跛行。

……

圣书曾有言：跛行无罪。[①]

① 出自《玛卡梅的故事》。

第二篇

Part 2

群体心理和自我分析

第一章　导论

从字面上来看，个体心理学与社会心理学的区别十分明显，但仔细了解就会发现并非如此。尽管个体心理学研究的是本能在单一个体中是如何被满足的，但很少有情况能够允许这个领域跳过研究对象与其他个体间的关系这个论题。在个体心理学中，他人往往作为榜样、帮手、对象或敌人出现。所以宏观来讲，个体心理学也可以当作社会心理学来探讨。

现在的精神分析研究开始着重开展个体与父母、爱人、兄弟姐妹、师长和医生等人之间关系的针对性研究，同时这也是一种值得关注的社会现象，可以和自恋性行为过程进行比较。自恋性行为指那些本能中想要得到的东西在没有外界干扰的情况下已经拥有的情况，布鲁勒认为这是“内向的”行为。社会心理活动与自恋心理活动之间的区别原本就属于个体心理学范畴，我们是无法通过这种区分方式来分辨个体心理学和社会心理学的。

虽然我们之前提到的个体与父母、爱人、兄弟姐妹、师长和医生等人的关系中每一层影响都对个人非常重要，但在个体身上，我们只能看到来自一个或少数几个人的影响。而很多人在分析社会或群体心理时，他们并不考虑人物之间的关系，反而更关注多人群体对个体的影响。其实这些看上去与个体之间确实存在联系的人物，其实多方面去发掘群体中其他人与个体的关系，他们对于个体来说只是陌生人，并没有更多的特殊关系了。因此，当群体心理学领域谈论起个体时，他们所谓的个体要么是某一部落、阶层、民族、级别和机构的成员，要么是某个因特定目的在特定时期集结起来的群体的组成部分。我们在确定这个范围之后，就不难将这种在特定条件下出现的现象，当成某种特殊的、难以继续追溯来源的欲望的表现。在其他情况下，这种“群体本能”是很难体现出来的。但这也不是不能理解：在人类的心理中，一种全新的在别的情况下不能发挥作用的欲望仅靠人数差别是很难被赋予意义的。于是，我们需要关注的就是另外两种可能性：一是群体本能并不是一种已经无法再继续分解的初始欲望；二是也许我们可以在更小的范围内，比如家庭中找到它的起始点。

虽然群体心理学现在还不成熟，却已经产生了许多独立的可辩论之处，也给研究者留下了数不清的还没有分类的任务。仅列举不同的群体构成形式，并对其所展现的心理现象进行描述，就要消耗许多精力去观察和论述。现在，这方面的文献已经非常丰富。只需将本书的内容与群体心理学的研究范围进行比较，就不难看出书里的内容只是冰山一角。其实，本书也只讨论几个精神分析十分关注和深入研究的问题。

第二章　勒庞对群体心理的论述

讨论问题之时，将一些显而易见的特征总结出来，再由此出发进行深入研究，比急急忙忙定义对现在观测到的现象的范围更重要。通过阅读勒庞的名作《乌合之众》的选段，就可以同时完成两个目的。

而现在我们需要面对的问题是：心理学不仅研究个人的体质、本能、行为、目的和原因，也研究个人与周围人的关系。在之前，因为心理学将其中的因果关系研究得非常透彻，一直被认为是分析论述的最好方式，现在也出现了解决不了的新难题。现在它必须解释一个令人吃惊的事实：在个体身处人群之中，而这群人都具有某种“心理群体”特征的情况下，原本已经被研究透的个体却产生了意想不到的感知、思想和行动。什么是“群体”？它为什么能够对个体心理产生如此大的影响？

个体在这个过程中又被迫做出了什么改变?

要回答上述三个问题，需要了解更多群体心理学理论。显而易见，第三个问题最适合作为切入点让我们去寻找答案，为群体心理学提供研究证据的正是对个体反应变化的观察。在尝试对需要观察的现象作出解释之前，我们必须先理解被解释的内容。

论述之初，我要引用勒庞的观点。他在《乌合之众》中说道:“心理意义上的群体表现出来的最特别之处在于无论个体在加入前是什么样的，不管他们的生活习性、个性、职业或智力是否相同，只要他们加入了群体，就会自然而然地产生群体心理。在群体心理的作用下，他们放弃个体心理从而转用群体的新思维方式去感知、思索和行动。其中有一些感知和思维，只会出现在群体中的某个个体身上。心理群体是由异质元素临时组成的，它与多种细胞组成的有机体相类似，具有与单个细胞完全不同的特征。”

接下来我们要一边阅读勒庞的叙述，一边对此有一些我们自己的看法和见解。下面是第一段简评:既然群体中的个体能够组成一个整体，那肯定有什么东西把它们联系起来了。这或许就是群体的特质。不过勒庞没有对此有其他的解答，而是转去研究个体在群体中的变化，并用符合精神分析基本理念的措辞把它描述出来。

“确定单独个体与从属于群体的个体之间的差异并不难。相比而言，要想找出造成差异的原因倒比较难。想要找到真正的原因，我们要先对现代心理学的一个关键结论进行复盘，即潜意识现象在有机生活和智力行为中都发挥着重要作用。有意识的精神活动与潜意识的精神活动相比，在人类的精神里只占一小部分。最细致的观察和最具体的分析，也仅能触及心理的少数意识[①]原因。我们的意识行动中的潜意识基础深受遗传因素的影响，它不仅包含无数先人留下的痕迹，也创造了种族精神。毋庸置疑，在我们承认的行为原因背后，还有我们不想承认的原因，而在那背后还有更加隐秘，就连当事人都不知道的原因。我们的大部分日常行为都是隐蔽的、我们并未觉察到的原因影响的结果。”

① 《弗洛伊德全集》德文版编者注：这里的法语原文为“inconscients”（无意识）。

勒庞认为，群体个体后天获得的特质悉数抹杀，进而使其丧失了天性。种族潜意识地位十分突出，同质元素取代了异质元素。换句话说，群体摧毁了个体心理结构中不同的上层建筑，从而暴露出众人共有的潜意识基础。

在这种情况下，群体中的个体具有了相同的特质。不过，勒庞觉得这是全新的、个体之前所没有的特征，因此试图从三个方面寻找其出现的原因。“第一个原因是：群体人数众多，这导致了个体觉得自己好像拥有了极大的权力，当然这是一种错觉，这时个体就会根据这种错觉将那些在独处时被压制了的本能冲动释放出来，不再让自己的冲动活在压制之下。在具有隐蔽性又缺乏责任心的群体之中，原本可以对个体加以约束的责任感仿佛也消失了。”

在我们看来，其实不用太在意新特征的出现，只需要明晰一点：个体身处群体之中，其原本被约束的潜意识本能获得了释放。那些看上去十分新奇的特征，只是这种潜意识内容的外在表现。而人类灵魂中所有潜藏的负面信息，都潜藏在潜意识之中。在此情形下，良知和责任感自然会消失得无影无踪。毕竟我们一直强调，良知的本质是“社群焦虑”。[①]

“第二个原因是群体中个体的互相影响，就是这种互相影响在某种程度上促使群体产生了一些特征和倾向。群体中的个体互相影响是很难解释的一种普遍现象。这种现象属于我们接下来需要重点说明的催眠现象。在群体中，一切情感和行动都很容易互相影响，从而导致个体极易为群体利益放弃自身的想法和追求。这种行为其实极不合理，只有个体身处于群体中才会这样做。”

在后文中我们还会依据这些特殊的现象再提出一个新的假说。

“第三个原因是最关键的，这就是暗示性。它让群体中的个体与独立的个体体现出了本质上的区别。我们之前提到的互相影响现象只是它带来的其中一种可能性变化。

“现在我们要先了解一些生理学的新观点才能更深入地理解

① 因为勒庞的潜意识概念不同于精神分析的潜意识概念，所以他的观点与我们的看法有所不同。勒庞的潜意识具有种族精神最深层次的特征，不过这并不属于个体精神分析的范畴。虽然我们能够清晰地认识到潜意识中存在自我的核心（即后文谈及的“本我”），就连人类精神的“远古遗产”都是它的组成部分，但我们仍旧坚持将“在潜意识中被约束的事物”单独从这部分遗产中分离出来。在勒庞的系统中并没有“被约束”的概念。

分析这种现象。目前，有多种方法可以让人进入一种无意识且完全听从于施令者的被动状态，同时在被控制状态下做出一些不符合他本身性格和习惯的行为。在经过一段时间的观察后，可以看到当个体加入某个多人组织而成的群体后，就会变成一个被外界某种因素影响或者在内因推动下进入一个被动性状态中……他的个人主观意识完全消失，没有了分辨能力，在群体中的个体就好像是被催眠了，所有的意识和感知都会被动服从于催眠师给予的指令。

“在心理学领域，所谓的群体中的个体出现的类似的情况就好像是被催眠了。他无法通过自己的逻辑清晰判定自己的行为，与此同时失去了某些个人能力，但在群体中又得到了另一些新的能力。在群体性影响的暗示下，他会因为被指引而做出一些并不属于他自己本身意愿的行为，这种被迫性的冲动是无法被自我控制的。与被群体影响了的个体相比，这种冲动在群体身上表现得更加明显，因为每一个个体都得到相同的暗示，他们之间相互影响，使得这种冲动累积从而变得更加强烈。

“所以，群体中的个体主要有以下特征：失去意识个性，潜意识个性占上风，情感和思想受暗示和互相的影响，会想将接收到的命令立刻付诸行动。个体已经不是他自身，而是变成了一个缺乏主见的机器。”

我写下了这段完整的文字，是为了表明：勒庞的观点是群体中个体的状态和被催眠状态是一致的，他表明了这种观点并不是单纯地比较这两者的状态有何区别。对此观点我们不做过多的论证或论错，只是表明我们的一个观点：导致群体中个体出现变化的两个原因，也就是“互相影响”和“暗示性”，从属不同。互相影响只是暗示性带来的一种影响。另外，勒庞也没有清晰论述出这两种因素会带来的改变究竟有何区别。就我们自己的观察分析，“互相影响”和群体中的个体相互作用应该是一个意思，而近似催眠的暗示现象应该是另一个意思。其实我们经过认真思索就可以发现，勒庞的认知中有一个区域是空白的：关于互相影响和催眠的关系里并没有提到暗示群体的催眠师是谁。但他还是明确区分出了这股神秘的未知力量与在个体之间为最初的暗示助力的“互相影响”。

在对群体中个体的心理状态进行评判时，还有一个十分重要的角度："当个体加入某个有组织的群体后，个体本身的素质和文明程度就会出现直线下降。作为独立个体生活的时候，他可能是一个非常有教养的人；在群体中他就摇身一变，成了蛮不讲理的糊涂人，像一个被混乱的冲动支配着的失智的人。他会不由自主地做出一些野蛮残暴的行为，并具有原始人的狂热和英雄气概。"之后，勒庞还特意加了一句，说个体在加入群体后，智力水平也会比独处时有所降低。①

我们接下来将暂时离开有关个体的话题，来了解一下勒庞是怎样描绘群体心理的。对于精神分析学者来说，要想理解其中的推导和论述过程是非常容易的，因为勒庞自己也说，群体心理与原始人和儿童的心理有一定的相似之处。

群体的情绪变化快，极易被兴奋感驱使，容易冲动。这种情绪几乎只听从潜意识的命令。②根据不同的情况，群体因兴

---

① 参见席勒的诗："依次看去，个个都很聪明懂事；凑到一起，却变成了一群傻瓜。"

② "潜意识"不只包含"被压制"的意思。在此，勒庞从描述意义上正确地使用了这个词。

奋感而产生的冲动可能高尚也可能卑劣，有可能会是勇敢的抑或是软弱的。但不管怎样，它们都充满了控制欲和压制，使得个体会在个人利益和自我保存这两方面步步退让。不管对待任何事物，群体情绪都从不慎重考虑。就算狂热地去做一件事，这股劲头也难以持久，它根本做不到永远不变心。群体觉得自己无所不能，所以它的愿望必须是被放在第一位的，不容许有任何延迟。对群体中的个体来说，根本不允许出现被否认的情况。

群体非常容易受影响，也很容易轻信。它不具备批判思维，也不懂什么是虚假。它的思维与个体在自由想象时的状态没有什么差别，都是由一串串互为联想的画面组成的。任何一个有理性的人，都不会将它当成现实。可群体的情感就是这么单纯且肤浅，所以它也不会怀疑和含糊其词。①

① 梦是我们了解潜意识心理的最好方法。在对梦进行分析的过程中，我们一直遵循一条技术规则：对梦里不确定或有疑问的地方置之不理，并相信显性梦境中的所有元素都是确定无疑的。我们认为导致这些不确定和疑问的罪魁祸首就是审查作用，它们并不存在于原始的梦中，而是批判的结果。当然，它们可以像别的事物那样，以诱发梦境的日间残念的形式出现。

因为群体的混乱和不深思熟虑这个特质从而行事容易走极端，很快就把一点点嫌疑视为不容置喙的事实，把一点点反感变成极度的憎恶。①

不过，就算群体本身存在极端化的倾向，它也只有在强烈接收兴奋感下才会这么做。想要改变这个情况，不需要用长篇大论来说服，只要用超出真实情况的话语吓唬对方就可以达到目的了。

因为群体不能明辨是非，却拥有强大的力量，所以它既不能接受不同的观点，又对权威格外依赖。它崇拜权力，认为善意的劝告是软弱的表现，并对它置之不理。在它看来，英雄必须足够强大，甚至可以残暴不仁。它乐于接受统治和压迫，甘

---

① 在儿童的情感世界里，任何情绪都可能会走向极端或者失控。这种情况在梦境中也会有所体现。因为各类情绪独立存在于潜意识中，日间的某个小矛盾就可能会让人在梦中产生杀人的想法，一点点诱惑就可能会让人在梦中甘愿去冒险。汉斯·萨克斯博士（Dr.Hans Sachs）曾经研究过这种现象，并得出了精辟的结论："倘若我们把现实与梦境相关的部分提取出来，去意识中找寻它们的痕迹，就能够很容易地发现我们在精神分析中看到的庞然大物，其实只是一条毛毛虫。"

愿畏惧自己的主人。从本性上来看，它非常保守，从心底里不喜欢所有革新和进步，又无比敬畏传统。

为了对群体的道德品性作出正确评价，我们必须明白，群体中的个体共处时是并不存在任何个体障碍的。作为原始年代留下的痕迹，原本已经在个体身上处于休眠状态的人性中残忍、血腥和暴力的一面，此刻再度被激活，自由地追求欲望的满足。不过，在暗示的影响下，群体也可以实现无私、谦让以及为理想奉献等伟大成就。对独立的个体来说，个人利益几乎是仅有的驱动力；但是在群体之中，这股力量却很难占据统治地位。可以这样说，在道德方面，个体被群体同化了。虽然群体的智力水平远不如个体，但它的道德水平却不仅可以远超个体水平，也能远低于个体水平。

此外，勒庞还总结出了一些别的特征，也为将群体心理与原始人心理等同起来提供了有力的证据。在群体中，逻辑层面的对立不会引发任何矛盾冲突，完全不同的思想也能够和平共处。对此，精神分析早已证明，同样的情况也存在于个体、儿童和神经症患者的潜意识心理中。[①]

另外，群体会被语言限制。话语既能激起群体心理的各种激烈情绪，也可以让一切恢复平静。“理性和说教，根本不可能与某些话语和公式抗衡。只要在群体前虔诚地说出这些话语和公式，人们马上就会毕恭毕敬。许多人将它们视为自然的力量或是超自然的力量。”对于这一点，只要回忆一下原始人怎样把某些名称视为禁忌，并将某些名称和话语与魔力联系起来，就

① 比如，小孩子长期对亲近的人持有矛盾的情感态度，不过它们并不会对彼此产生影响。就算真的出现矛盾，通常情况下也可以用改变对象的方式解决：儿童会将一种矛盾情感转移到其他对象身上。我们在成年人神经症的发展过程中，也看到过类似情况。被压制的冲动通常可以在潜意识乃至意识的幻想中留存很久，虽然它的内容与占据统治地位的冲动之间有直接矛盾，但这种矛盾不会使得自我对其抛弃的内容持反对态度。在很长一段时间里，都允许存在这种幻想。直到有一天，大概是因为幻想的情感膨胀过度，引爆了它与自我之间的矛盾，最后到了难以缓和的地步。

各种独立存在的欲望和追求在从儿童到成人的成长过程中，还被广泛地整合起来，使得性格最终成型。我们还发现，在性生活领域，各种本能也会被整合起来，最终形成性组织（参见《性学三论》，1905年，《弗洛伊德全集》第五卷）。此外，许多著名的例子也说明，自我在统一的过程中也会遇到很多阻碍，比如很多自然科学家一方面为科学献身，一方面又对《圣经》深信不疑。自我形成后各种各样的分裂可能，也能变成心理病理学中一个非常特别的章节。

很容易理解了。

还有一点，群体并不在乎真相到底是什么。它们需要的是幻觉，也十分依赖幻觉。对它们来说，不真实永远比真实要好，假象与真相几乎有着对等的影响力。它们并不想要去区分两者到底有什么不同。

我们还注意到，在神经症的心理过程中占据统治地位还有幻想以及由不能得到满足的愿望促成的幻觉。神经症患者在乎的是心理现实，而不是共同的、客观的现实。歇斯底里病以幻想为基础，而不是真实经历的不断重复。而引起强迫症的心理良知，实际上只是没有付诸行动的罪恶愿望。没错，与梦境及催眠状态一样，现实关联在群体的心理活动中，也只能向强烈的情感愿望屈服。

勒庞对群体的领导者并没有进行详细的论述，而且他也没有解释清楚其中的规律性。他的论述是，不管是一群动物还是一群人，只要以数量聚集在一起，就会本能地服从某个领导者的指挥。群体的存在离不开领导者，群体天生就喜欢顺从地服从命令。只要有人以领导者自居，别的人就会自然而然地听从他的命令。

尽管领导者的出现是为了满足群体的需要，但他也应该具备某些个人素质。他必须有一个坚定的信仰，只有足够坚定才能在群体中唤起共同的信仰。他只有拥有强大的、令人敬佩的意志，才能成为丧失意志的群体的榜样。接着，勒庞谈到了不同的领导者类型以及他们是怎样影响群体的。总的来说，他认为领导者之所以能够取得成功，是因为他们对那些观念和信仰也非常痴迷。

勒庞将一种难以抗拒的神秘力量称作“威望”，并将它赋予这些观念和领导者。实际上，威望指的就是某一个体、行为或思想在我们身上施加的控制力。它不仅麻痹了我们的批判能力，还将其替换成惊讶和敬畏。它就像催眠中的吸引力一样，可以将某一类情感唤醒。

勒庞把威望分成两种，一种是获得性威望，即“人为威望”，另一种是“个人威望”。前者不仅包括个人因姓氏、名气和财产而得到的威望，也包括思想、艺术品等因传统而得到的威望。因为它们都指向过去，所以无法更好地帮助人们理解这种神秘的影响。个人威望只属于一小部分借此成为领导者的人，它仿佛拥有魔法，能够让所有人对领导者言听计从。不过这种威望以成功为前提，如果失败了，它就不存在了。

最后，我们对勒庞可以做出这样一个初步总结：他对群体心理表述得深入浅出，却没有把它与领导者的身份和威望的重要性很好地结合在一起。

第三章　有关群体心理的其他论述

我们为什么要从勒庞的论述入手呢？因为它重点强调潜意识心理，十分符合我们的心理学。不过，现在我们需要补充一点：其实他的论述并没有什么新意。虽然他也批评了群体心理的表现，但在他之前，早就有人讽刺过这种表现。从有文献记载以来，许多思想家、政治家和作家都曾一次次表达过这种思想。就连勒庞最重要的两个观点——群体会降低个体的智力水平、放大情感因素，也是之前西盖勒提到过的。到目前为止，真正属于勒庞的东西只有区别潜意识和原始心理，但其实这两者的对比他也不是首个提及的。

在研究勒庞的想法时可以看出，勒庞等人对群体心理的描述和猜测也不是没有漏洞的。当然，上文所说的观察结果都十分准确，但我们也发现，就群体的组成方式而言，还有一些不同的意见，它们对群体心理的评价也更高一些。

勒庞自己也认可，在某些情况下群体的道德水平确实可以超越个体的水平，而且必须形成集合，才能表现出无私奉献的精神。

“对独立的个体来说，个人利益是能够促使个体去完成某件事的最大的推动力。但是在群体之中，这股力量却没什么重要的价值。”

有人认为，个体的道德水平一般达不到为其框定道德规范的要求，只有社会才能将其实现。或者群体主义精神只有在某些特殊情况下才能鼓舞人心，使他们完成最厉害的群体壮举。

但是在智力水平方面，那些对人类社会发展影响巨大的发现、尖端的脑力劳动成果以及被解决的难题，却都是个人独自取得的成果。不过，群体心理也能从事开创性的脑力创作，对此最好的一个例证就是语言，此外还有民间传说、民歌等。另外，思想家或作家的灵感到底与他所处的群体有多大关系，他到底只算一项融合了群体智慧的思想工程的完成者，还是在此基础上作出了别的贡献，这其实很难断定。

面对这些不确定性的问题，我们对群体心理的研究似乎失败了。不过，这并没有到山穷水尽的地步。如果我们进一步思考，“群体”这一定义太过宏观，应该进一步细分。西盖勒、勒庞等人所说的群体指的是各类个体为了眼前利益组成的临时团队，显然，他们的论述受革命群体影响很深。而与其对立的观点以稳定的群体或社会组织作为研究对象，它们的整体制度十分完整，也是人们一直生活的地方。

麦克杜格尔在《群体心理》一书中针对上述矛盾，从组织性的角度出发，提出了解决办法。他认为，最简单的群体不具备组织性，或者说没有谈论的价值。他把这类群体称为“人群”。但他同时也承认，如果没有组织的雏形，这群人也不容易聚到一起。而且在这类群体身上，其实更容易对群体心理的基本事实进行观察。这些机缘巧合走到一起的人群要想成为心理学意义上的群体，首先要满足一个前提，即具备某种共性，比如都对某个事物感兴趣，或在特定情况下能够产生相同的感知，或是有相互影响的能力。这种心理同质性越强烈，个体就越容易形成心理群体，这种“群体心理”也会更加明显地表现出来。

形成群体后最为明显也最需要重视的表现就是，每个成员都会表现得非常兴奋。麦克杜格尔认为，在其他情况下，一个人的情绪很难变得这么高昂，而且还能让参与者感知到乐趣，任意释放激情，投入群体的怀抱以后，他们觉得自己终于自由了。麦克杜格尔还提出了所谓的情绪诱导原则来解释个体受到群体情绪影响的现象，这实际上就是我们已经说过的情绪互相影响。其实，在感知者感知到某一情绪状态时，他身上相同的情绪便会自动被诱发出来。从别人身上感知到的这种情绪越强烈，自动诱发效果就越明显。这时，个体已经不再具有自我的判断能力，被群体的情绪感染和引导产生了新的感情。与此同时，个体出现的变化让对他施加影响的人的情绪波动更大。于是，通过情绪相互传递个体情绪就变得越来越兴奋。个体想要在群体中找到一个位置平衡，想要和群体中的其他人保持一致，一定是被迫的外界因素造成的。简单粗暴的情绪比起其他需要分析和感知的情绪更容易在群体中相互传播。

另一些来自群体的影响，也为这种情绪的蔓延创造了有利条件。群体让个体觉得它无所不能、战无不胜，甚至暂时取代了最具权威的人类社会。人们由于惧怕权威的惩戒，便会对自己严加约束。反对权威，显然是一件困难且危险的事情；与周围的人保持一致则安全得多，许多人为此宁可“与虎同眠”。为了讨好新的权威，人们甚至昧着良心，在废除了种种约束条件以后，沉醉于欲望满足的陷阱之中。总的来说，如果个体在群体中做出他平时并不认同的行为，或是对此大加赞赏，我们也不用觉得大惊小怪，甚至可以凭借这一点，揭开“暗示”现象的一部分谜团。

当然，麦克杜格尔认同群体中智力水平会受到阻碍的观点。他说，智力水平不高的人会把智商高于自己的人拉到与自己相同的水平线上。后者的智力发挥基于以下三个原因会受到阻碍：一是情绪高涨不利于进行正常的脑力劳动；二是个体在群体的震慑下无法自由思考；三是个体普遍降低了对自己成果的责任感。

和勒庞一样，麦克杜格尔也没有对简单、“无组织性”群体的心理成就作出太高的评价。这样的群体“容易兴奋，冲动狂热，前后不一，反复无常，犹犹豫豫，做事容易走极端，简单粗暴，容易接受暗示，反应过激，思维草率。它们只能接受非常简单、草率的结论和意见，容易受人影响和震慑，自我意识、自尊心和责任感都比较差，自恃力却很强，喜欢肆意妄为，造成了所有不负责任的力量所能引发的全部恶果。因此，到了陌生的环境里，他们像没有教养的孩子或暴躁又没人管教的野人一般胡作非为；在最糟糕的时候，他们的所作所为简直像一群野兽，而非一群人”。

以此作为参照，麦克杜格尔对具有高度组织性的群体的行为模式进行了总结。我们非常想知道，这种组织性究竟体现在什么地方，又是怎样产生的。他总结了将群体的心理提升到更高水平的五个“基本条件”：

第一，群体的存在不能缺少连续性。这种连续性可以表现在两个方面，即物质和形式。前者指的是同一批人长时间待在群体中，后者指的是由不同的人轮流担任群体中的某些特定职位。

第二，群体中的个体会对群体的功能、性质、任务及作用形成特定的认识，并与整个群体发生情感联系。

第三，群体会和很多与它相似，但又在很多方面存在差异的群体结构产生联系，比如竞争关系。

第四，群体拥有一些传统和风俗习惯，而且大部分与成员关系密切。

第五，群体中存在分工，每个成员都有自己的专长和特征。

麦克杜格尔认为，只要达到这些条件，就能弥补群体结构的心理缺陷。人们可以从群体中撤出一些智力任务，把它转交给某些个体，以避免群体智力水平的普遍下降。

其实，可以用更合理的方式描述麦克杜格尔所说的群体“组织性”。它的首要任务是让群体获得个体在成为群体成员时丧失的典型特征。没有加入群体的时候，个体不仅有连续性、自我意识、传统和风俗习惯，还有特殊作用和定位，并与自己的竞争对手存在差异。但他加入了“无组织性”群体以后，这些特点便暂时消失了。如果使群体获得个体的种种标签才是最终目标，我们就不禁联想到威尔弗雷德·特罗特尔[①]的一个观

① 参见《和平和战争时期人群的欲望》，1916年。

点。他认为，一切高等生物都是多细胞生物，组成群体的目的就是这一现象在生物学上的发展。[①]

① 汉斯·凯尔森（Hans Kelsen）的评论往往既有独到的见解，又能切中要害。不过，他在《偶像》杂志中说，将群体心理重组等于将其独立化，即彻底将它与个体的心理过程分开。对此，我并不认同。

第四章　暗示和力比多

现在的论述根据的是：独立个体在加入群体后，整个心理活动发生了变化。可以看得出来个体开始变得非常兴奋，以至于智力都被降低了。这两个变化我们现在知道是为了融入集体，和他人保持平衡和稳定性。要做到这一点，就不能再限制个体的欲望，而是应该让他们放弃原本的倾向。现在我们已经知道，通过将群体在较高层次上“重组”，可以在一定程度上避免产生群体性智力降低并且判断错误这种不该出现的现象。但“情感激动”和“思考受限”这两个注定会在群体心理中找到的基本依然一直存在并且影响着群体整体。下面，我将努致力于用心理学的知识解释个体在群体中的这一心理变化。

前文中提到过，独立个体在进入群体后会遭受威慑，这时个体的自我保存本能会被激发出来。但这种理性因素不能对我们所看到的现象作出完整解释。而很多大众心理学专家和社会学研究者对此作出的解释基本上都与所谓的“暗示”有关，或者只是换了一种说法，这一点其实并不准确。塔尔德称其为“效仿”，但有人指出，效仿是暗示的延续，这讨论的仍然是暗示。

在勒庞看来，社会现象中一切令人感到惊奇的地方都来自两大要素——领导者的威望和个体间的相互暗示，不过领导者威望的表现就是引起暗示。乍一看，麦克杜格尔提出的“情绪诱导原则”好像与暗示并无关系，但只要更仔细地研究后就会发现，其实情绪诱导原则主张的也是“互相影响”和“效仿”，区别只在于它比较强调情绪因素。当个体从别人身上感知到某种情绪时，就很容易产生一样的情绪。不过，有多少人能够绝对不受外界情绪干扰，绝对保持自我，再用完全不同的方式做出回应呢？这样的例子多吗？为什么个体存在于群体中，就会因为互相影响而发生被迫性改变？当然一定会有人认为，群体的情绪通过暗示的方式传导给了我们，从而导致我们顺应趋势进行效仿。另外，麦克杜格尔也讨论过暗示的概念，他和其他人一样，认为易受暗示是群体的特征之一。

所以我们只好相信，暗示或者可暗示性是一种无法再继续拆分至更细致的最小单位，是人类心理的一个基本事实。这也符合伯恩海姆的观点——1889年，我曾亲眼看见了他那令人咋舌的技艺。当时，我就暗暗觉得这种粗暴的暗示手段有些不妥。倘若患者不愿意配合，就会受到训斥："您究竟在做什么？您这是在对抗暗示！"我认为，这完全是不公平的暴行。当别人想利用暗示征服患者，他当然有权抵抗。后来，我又有了新的怀疑方向：暗示能解释一切，可它自身却没有合理的解释。说到这里，我忍不住又要拿出那个传统的谜题了：

克里斯多夫背着基督，
基督背着整个世界，
那你说说看，
当时克里斯多夫的脚放在哪里啊？

三十年后，当我再次遇到暗示这个谜题，一切结论都和当初类似。只有一个例外刚好对精神分析的影响进行了佐证，在此不过多赘述。我发现，人们费尽心力就是想要给“暗示”找到一个准确的定义，力求规范地使用它。[①]当然这不能说是无用功。因为随着这个词的使用范围越来越大，它的词义也变得越来越不准确，而且很容易被外界影响。比如，英语中的“to suggest”“suggestion”已经包含了“建议倡议”的意思。但目前对于暗示的根本，在没有足够强大的逻辑支撑的情况下是如何产生如此大的影响的，还没有合理的解释。我们必须诚恳地面对这个问题，原本想要通过分析过去三十年间研究的文献来证明我的观点，但这时我的身边刚好有人想要通过详细的研究解决这个问题[②]，所以我就放弃了之前的打算。

现在，我想要借助力比多的概念对群体心理进行解析。在此之前，力比多已经为我们对精神疾病的研究提供了很多帮助。

力比多的概念来自情绪理论。虽然我们现在还没办法数量化它，但我们已经将它作为一个量化单位，对所有与爱有关的

① 这也是麦克杜格尔的观点，发表在《关于暗示的记录》中，收录于《神经科学与心理病理学杂志》第一卷，第一期（1920年5月）。

② 可惜这项工作最后并没有顺利进行。

本能或冲动的能量大小进行评定。我们在此所说的爱，主要是指一般意义上的性，也就是把两性交合当作目的的爱，有许多作家都对其进行赞颂。当然，对于其他与爱有关的情感，比如自爱、友爱、对父母和子女的爱、博爱，以及对某些具体事物或抽象概念的喜爱，我们也不抵制。我们依据的是精神分析研究的结果。它认为，这些追求都源于同一种本能，即两性交合的冲动。尽管从表面上看某些关系避开了性目标，或是最终没有实现它，但依然保留着性的原始本质，并且能够被轻易辨识出来。

换言之，“爱”这个词在语言中被使用得非常频繁，也有了合理的含义。我们最好将其作为科学研究和表述的根据。但这种做法却为精神分析惹来许多非议甚至责骂，就好像它做了什么伤天害理的事。其实，这种广义的爱并不是精神分析创造的。哲学家柏拉图提出的“爱欲”一词，不管是从起源、作用还是与性的关系上来说，都与精神分析的力比多概念有着异曲同工之妙。普菲斯特和纳赫曼松都对此进行过详细的论述。在写给哥林多人的那封著名书信中对爱的使徒保罗进行了称颂，也是从广义角度去理解爱。[1]我们从中可以看出，虽然人们在表面上十分尊崇伟大的思想家，但在内心却并不一定认可他们。

现在，精神分析从经验和来源的角度进行考量，将这种爱欲统称为性欲，但大部分“饱读诗书之人”觉得这个名称的改变是一种侮辱。为了进行报复，他们给精神分析贴上了“泛性主义”的标签。谁要是觉得谈“性”是在侮辱和贬低人格，就可以换一种更加文雅的说法，比如“爱欲”或“情欲”。我原本也可以这么做，以避免发生许多争执，但我不想这么做，因为我不会向懦弱屈服。如果走上了这条道路，你就不知道有什么在等你；一开始让你在用词上让步，后来或许就会让你在内容上妥协。我认为，以谈“性”为耻并不可取，有人想用希腊语的“爱欲”取代它，但这个词实际上只是德语“爱”的替代品。更何况，只要有足够的耐心等待，根本不用做出任何让步。

总而言之，我们可以先假设爱的关系也是群体心理的一种本质。我们试着回忆一下，别的学者并没有提出过类似的观点。

① “不管我在说话时用的是凡人的口吻还是天使的口吻，只要话中无爱，那我和空有其声的铜管及叮当作响的铃铛没有什么不同。”后文同。

或许与它有关的东西，都被隐藏在了暗示的背后。简单地说，我们的观点可能会得到两个方面的支持：第一，很明显有某种力量将群体连接在一起。谁有这么大的本事呢？当然是把世上众人连接在一起的爱欲。第二，我们发现群体中的个体为了接受别人的暗示，宁可放弃自己的个性。他之所以这么做，就是为了与他人看齐，而不是与他们对立。所以他这么做，可能就是为了“讨好他人”吧！

第五章　两种人为群体

只要我们对群体的形态进行回顾就会发现，它的形成原因和结构以及最终走向是大相径庭的。有的群体寿命很短，很快就解散了；有的群体却能维系很长时间。有的群体是同宗同源的，组成成员作为独立个体时就近乎同类；而有的群体是异质的。群体划分还有一种根据——自然群体和迫于外部力量而组成的人为群体，或者原始群体和有细致分工、高度重组的群体。此外，我们还可以按照有无领导者将群体分为两类——无领导者群体和有领导者群体。其他学者很少会关注这个划分的区别，下文中我会论述为什么要这样分类。和以往情况有所区别，我们先来分析高度重组、稳定日久的复杂人为群体，而不是选择一个比较简单的群体结构作为优先研究对象。其中，人为群体中由信徒组成的教会和由军人组成的军队是最有趣的例子。

教会和军队都是人为群体。根据之前的分类标准，我们知道这两种群体是根据外界强大力量的干预才能构成的，包括后续维系它的结构，使它不至于分崩离析都与外界力量有关[①]。一般来说，这样的群体组织不会过多尊重个人意愿是否加入群体，而个体也没有太多自由选择的权利。同样，个体如果想要离开群体回归独立个体，就会受到严厉的惩罚，或是要个体答应某些特定的条件。我们的重点并不是研究这类组织为什么需要这样特殊的保护，值得我们关注的是，一些在别的群体中不轻易出现的现象，在这种需要极力维持才不至于土崩瓦解的高度重组群体中表现得非常明显。

虽然教会与军队有很大差别，但它们中间都有一种相同的假象。群体中的人认为，这个群体中的那位领导者会以一种绝对公平的方式爱每一个群体个体。在天主教中，这个领导者是基督；在军队中，这个领导者是统帅。这种认知是群体能够存在的基础，一旦成员们意识到这个认知是错的，只要外部的力

① 在群体中，“稳定”和“人为”这两个因素总是相伴出现，或者至少存在密切的联系。

量干预，不管是教会还是军队都会立刻解散。基督强调爱是公平的："你们欺负我的手足，其实就是在冒犯我。"对于他的教徒来说，他是父亲的替代者，是一位善良的兄长。在宗教中，对个体的所有要求，是因为基督爱着每个人。教会中之所以会大力弘扬民主，是因为每个人都得到了基督同样的爱，他给的爱是绝对公平的。基督团体就像一个大家庭，教徒之间就是手足，将他们联系在一起的就是基督的爱。毋庸置疑，教徒间相互联系的原因就是与基督的共同联系。在军队中也是如此：统帅就是所有人的"父亲"，他公平地对待所有士兵，给予他们同样的关怀和照顾，于是士兵们之间成了亲人般的战友。从结构上看，军队和教会的不同之处在于它的成员被分为多个层级。每一名领导员都是自己管辖的士兵的统帅和父亲，而每一名士兵在自己的部队中也有着各自的身份。而教会则有所不同，虽然教会中也存在等级制度划分，但它的划分程度和军队是不能相提并论的。因为比起本身就是凡人的军队统帅，基督更注重于了解和关爱每一个个体。

这种军队的力比多结构并不是所有人都认为合适，仔细看来，他们的看法也是有据可循：在军队团结的过程中，爱国、民族荣耀等观念相当重要，之前的论述中却完全没有提及。对此，我是这样理解的：军队的群体构成形式更为复杂。就像恺撒大帝、拿破仑、华伦斯坦等军事家的军队生涯所表现出来的那样，这些统帅们并不是一支军队中必不可少的关键。后面，我们还将对用某个指导思想取代领导者是否可行以及两者之间的关系进行简要的讨论。就算力比多不是唯一的要素，我们也不能小看它在军队中的作用，因为那不仅是理论上的一大缺陷，更是实践中的一个严重错误。普鲁士军队和德国科学界都不认可心理学提出的论点，结果他们在战争中惨败。其实通过历史就可以看出来，瓦解德军意志的战争神经症，在很大程度上表现了当时军队中的个体并不满意自己在军队中所赋予的角色。根据恩斯特·西美尔的观点，军队上级冷酷无情地对待普通士兵，会诱发他们的心理疾病。假如我们足够重视力比多的诉求，人们就不会轻信美国总统那信口开河的十四条原则了，强兵利器也不会毁在德国那位铁血宰相手里了。

通过这个例子我们可以看到，在这两种人为群体中，每个个体不仅与领导者存在力比多联系，与群体中的其他个体也存在这种联系。至于这两种联系怎样共存、是否同属于一类、力量对不对等、在心理学上应该怎样对其进行描述等问题，后文中我们会对此进行深入探讨。在此，我们先失礼地评价一下其他学者的论述，因为他们没有重视领导者对群体心理的影响，从而得出的结论不准确，而我们在开始时就选择了适宜的研究对象，所以注意到了这一点。这样一看，我们好像走上了正轨，有望对群体心理的一个主要现象——个体在群体中的不自由性作出解释。倘若每个个体都有这么强烈的双向情感联系，那我们就能轻而易举地推断出，我们看到的个性改变和受限都来自这层关系。

另外，我们从军队身上经常出现的恐慌现象中也可以看出其中的力比多联系就是群体的本质。当这类群体解散时，恐慌也接踵而至。没人听从上级的指挥就是它的标志，众人连自己都顾不上了，更别说其他了。巨大的、无意义的恐惧取代了他们之间的相互联系。肯定又会有人提出反对意见，说情况正好相反，先出现了恐惧，而后因为它的不断蔓延，一切的相互体谅和联系才慢慢消失。麦克杜格尔甚至认为恐慌就是他所说的由互相影响引起的原始感应的典型表现。但是，这种看上去十分理性的解释其实根本说不通，因为它必须解释恐惧为什么会不断蔓延。这显然不能归咎于危险的严重程度，因为陷入恐慌的这支军队能够克服同样甚至比这大得多的危险。更何况，恐慌的本质就在于它与面临的威胁没有关系，反倒总是在不经意间爆发。在恐慌心理的作用下，个体选择先顾好自己，这表示之前一直为他降低危险性的情感联系就这样断开了。既然他现在只能独自面对危险，那他就有把危险设想得更严重的权利。因此，群体中力比多结构发生松动是导致恐慌的一个前提，恐慌是对这种现象作出的正常反应。相反，认为群体力比多联系中断是由恐惧导致的则毫无道理。

这一说法与恐惧以传导的方式在群体中四处传播的观点并不矛盾。麦克杜格尔的说法对于那些确实存在危险，但群体中并没有强烈情感联系的情况特别适用。比如，某个娱乐场所或一家剧院发生火灾，就满足以上条件。但对我们更有益的例子还是军队陷入恐慌，而危险并没有超出能够忍受的范围。我们不能希冀可以清晰地定义“恐慌”一词。它有时指个体的恐惧，有时又指群体性恐惧，但它总是被用来形容那种恐惧爆发却没找到原因的情况。倘若我们把恐慌理解成“群体性恐惧”，那还能继续用它作类比。诱发个体恐惧的原因有两个：一是非常危险；二是情感联系被中断。后者造成的就是恐惧性神经症。同样，恐慌的诞生也有两个原因：一是危险程度增加；二是群体间的情感联系被中断。后者完全能够用来与恐惧性神经症进行类比。

我们要是像麦克杜格尔那样，认为恐慌是群体心理最明显的表现，就会觉得非常矛盾，因为如此一来，群体心理就在它最耀眼的时刻结束了。毋庸置疑，恐慌的出现表示群体的瓦解，它使得群体中的个体不再彼此关心。

其实爆发恐慌的典型原因，在内斯特罗的滑稽剧《尤迪特和霍洛费纳斯》中就有所体现，这是他效仿黑贝尔的剧作[①]创作出来的。剧中，一位士兵吃惊地喊道：“统帅没有脑袋了。”

---

① 指黑贝尔在1841年所写的《尤迪特》。

听到这句话的亚述人都开始慌乱，如鸟兽般四散逃走。同样，如果领导者精神失常，就算当下的情形没有发生更危险的事情，也会导致军队陷入混乱状态。一般情况下，一旦个体与领导者之间的联系消失，群体中的个体间的联系也会消失殆尽，从而群体会彻底分崩离析。

不过，宗教群体的瓦解过程并不明显。不久前，我拿到一本出自天主教界的英语小说，名叫《天黑以后》。它以适宜的方式，对宗教解体的可能性及其后果进行了巧妙的描绘。小说中描写的故事发生在现代，有一群人密谋颠覆基督形象及基督教信仰，他们在耶路撒冷成功地找到了一座墓室。墓室的铭文描述了这样一件事：亚利马太的约瑟承认自己在耶稣遗体下葬后的第三天，出于一片虔诚，把他从墓中挖出来转葬在这里。如此一来，就不存在耶稣复活的故事了，他的神灵身份也受到质疑。这一考古发现，使得欧洲文化的根基都被撼动了，暴力犯罪数量也直线上升。直到作假者的把戏被拆穿，一切才恢复正常。

在这个虚构的有关宗教群体瓦解的例子中，真正显露出来的是人性中残忍和排外的一面，而不是恐惧；在此之前，面对基督公平的爱，它一直没有机会发挥作用。除了这层联系，在基督教王国中还有一些人既不爱基督，也不被基督所爱，他们甚至不属于这个信仰群体。因此，哪怕一个宗教自称是“爱的宗教”，它仍旧会冷酷无情地对待非教徒。基本上，每一种宗教在教徒面前都爱意满满，但在不属于它的人面前则表现得十分冷酷。虽然这一点从个人感情上来说很难接受，但我们确实不应该过分指责那些教徒。对此，那些不信教或对宗教态度冷漠的人的心理处境通常会更好。哪怕这种姿态已经不像前几个世纪那样冷酷，我们也不能由此做出人类的品德发生了进步的推断。毫无疑问，更主要的原因还是宗教情感的弱化及与此有关的力比多联系的减弱。如果宗教被另一种群体结构所取代，对外人的排斥还是会像宗教战争年代那样激烈。如果可以把科学观点上的分歧视作群体之争，那结果也没有太大差别。

第六章　其他任务和研究方向

前章，我们对两类人为群体进行了研究，发现其中存在两种情感联系。其中，与群体个体间的情感联系相比，个体与领导者间的情感联系似乎具有更强的决定性意义。

在群体结构方面，仍有许多问题待解答和探索。在我们看来，只要个体间仍然是无联系的状态，仅仅是形式上凑在一起是不能被我们叫作群体的。不过也不得不承认，建构心理群体是所有群体的一种必然性。我们必须对那些自主形成、持续时间长短不一、种类各异的群体保持关注，并对它们组成和瓦解的条件进行研究。关键在于，我们要针对有领导者群体和无领导者群体进行研究，找出它们之间的区别，并进一步考察有领导者群体是不是最初级、最完整的群体类型，检验在无领导者群体中有没有什么思想或概念取代了领导者的位置，探索多数人参与的趋势或愿望能不能替代领导者。我们还可以将这些抽象概念适当地向某个第二领导者身上集中，思想和领导者的关系也可能产生很多有趣的变化。领导者和主导思想也不一定非得是正面的。对某个人或某个机构的恨意，也可以像正面的归属感那样，唤起类似的情感联系，达到团结众人的目的。所以我们也忍不住要追问，领导者对于群体的本质而言是不是不可或缺的。像这样的问题还有很多很多。

尽管有些问题确实很值得在群体心理学著作中加以讨论，但我们还是更关注那些可以让我们了解群体结构的心理学基本问题。首先吸引我们思考的是群体的基本特征，它以最为便捷的方式对力比多联系进行了证明。

我们可以先看看人与人之间往往有着怎样的情感联系。根据叔本华著名的“豪猪法则”，没有人可以忍受与他人保持过于亲密的距离。①

① “寒冷的冬日里，一群豪猪为了取暖而抱在一起，不过，它们很快就感知到了对方身上的刺，于是又纷纷散开。当取暖的需求迫使它们不得不靠近时，这个过程便开始循环出现。它们在受冻和被扎的刺痛间不停徘徊，直到找到了一个适当的距离。”

精神分析表明，几乎所有长期存在的二人亲密情感关系，比如婚姻、朋友、亲子关系[①]中，都潜藏着对立和敌视的情绪，只是因为它们一直受到压制，所以我们很难发现它们。不过，当股东与合伙人发生争执，下属开始对上司不停抱怨，这些情绪就会显露出来。在人类组成规模较大的团体时，也会出现同样的现象。两个家庭结为姻亲，双方都觉得自己家比对方条件更好。两座相邻的城市，也总是打成一团，瑞士的每个州都看不起别的州县。相近的族群容易发生冲突：南德人看不惯北德人，西班牙人不喜欢葡萄牙人，英格兰人总是说苏格兰人的坏话。更大的差异往往会带来更严重的厌恶感：雅利安人对闪米特人、高卢人对日耳曼人、白人对有色人种的反感，都是司空见惯的事了。

但如果敌对的矛头指向一个自己原本喜欢的人，我们就称之为矛盾情感。这是一种发生在亲密关系中的不寻常现象，我们用多种原因造成的利益冲突对其加以解释，但这种做法显然

① 可能只有母子关系是个例外。它在自恋的基础上建立起来，不会受到后来竞争的干扰，反倒慢慢影响了对性对象的选择。

不够细致。当一个人对周围的陌生人表现出明显的厌恶和排斥时，我们可以认为这是自爱和自恋的表现。自恋的人追求实现自我主张，只要出现不合心意的地方，就会被他当成对自己的批评，要求他做出改变。我们不知道一个人为什么会对细微的差别这么敏感；不过很明显，人类的这种行为将不明原因的恨意和攻击性表露了出来，这也是人性的一个基本特征。①

但在群体形成和存续的过程中，所有残酷的表现都暂时或永远消失了。只要群体不解散，在它的限度之内，个体就会表现出同一化作用，他们可以容忍他人的个性，并主动与他人保持一致，甚至根本不会对他人表现出厌恶。在我们的理论系统中，只有一种情况会出现对自恋的这些限制，那就是个体与他人产生了力比多联系。在对自己爱人的爱，即对象的爱面前，对自己的爱才会受到限制。肯定有人会追问，利益共同体是不是不用仰仗力比多的作用，就能让人为他人考虑，容忍他人。

① 我在不久前（1920年）发表了《超越唯乐原则》一文，在文中我试图把爱与恨的对立和我所假定的“生的本能”“死的本能”联系在一起，并把繁殖本能当成前者最纯粹的代表。

对此，我们首先要明白一点：在这种情况下，自恋心理并没有受到限制，因为对他人的容忍是有时间限制的，它的存在时间不会比从合作中直接获利的时间长。更何况，争论这个问题其实没有多少实际价值，因为过往的经验表明，在这种合作关系中，合伙人之间也会产生力比多联系。这层联系使得合伙人之间产生了更为稳定持久的关系，甚至超越了利益范畴。精神分析研究就个体力比多发展过程得出的结论，对社会人际关系也同样适用。力比多依附于对重大生活需求的满足，并将参与这一过程的人作为自己的第一批对象。在整个人类的发展史上，爱一直作为文化要素发挥着自己的作用，使人从利己转向利他，与在个体身上发生的情况一样。这里所说的爱，不仅指为讨女性欢心而对其言听计从的异性之爱，也包括不考虑性别因素、与合作相关联且得到升华的同性之爱。

所以，倘若在群体中自恋般的自我之爱受到了在群体外没有遇到的限制，那就有力地证明，在各成员之间新出现的力比多联系就是群体形成的本质。

此刻，我们肯定非常想知道，群体中的这些联系到底是什么。在我们之前研究的精神分析神经症学中，那些对象之爱几乎都追求直接的性目标。但显然这些性目标对群体并不适用。所以我们在这里提到的爱欲，虽然在激烈程度上与其不相上下，但已经脱离了最原始的目标。通常在选择性对象的过程中，我们已经注意到欲望与性目标脱离的情况，我们将其称为“爱的不同程度”，我们还发现它或许会给自我造成伤害。现在，我们要仔细研究这种现象，并期待发现它们身上的一些情况，将其进行类比，对群体中的联系作出解释。此外，我们还想弄清楚，这类对象选择是不是像我们从性生活中了解的那样，是人与人之间仅有的情感联系方式，或者我们还应当考虑一下别的机制。我们的确从精神分析那儿知道存在其他的情感联系机制，比如“同一化作用”。但这一过程并不为人熟知，也不容易说清楚。为了研究它，我们在较长一段时间里脱离了群体心理学这一主题。

第七章　同一化作用

精神分析对于情感联系的初级表现是认可对方。在俄狄浦斯情结的史前阶段，它也扮演着重要角色。男孩小时候会先开始观察和体会父亲，甚至想成为像父亲一样的人，以至于达到取代他的目的。这可以理解成，孩子把父亲当作了可以模仿的榜样。这一行为与被动承受的或女性化的想法并无关系，它只是男孩幼年时会出现的心理体现。这和俄狄浦斯情结没有对立，而且也在某些层面上论证了它。

在男孩对父亲产生崇拜的同时，他也在“情绪依赖”的影响下，把母亲当成自己的恋人。于是，两种看上去有矛盾的心理现象同时出现在他的身上：在父亲身上寻找榜样的力量，在母亲身上倾注性关注。短期内，这两种心理联系互不干涉，对彼此没有任何影响。但随着心理逐渐统一，二者一定会有所对立。男孩会意识到自己对于母亲产生的想法由于有父亲的存在而难以实现。

于是，基于对父亲的崇拜之上就会多了几分敌意，这时他开始想要取代父亲。所以从小时候开始，男孩对父亲产生的同一化作用就有对立的两面，呈现出来的现象就是孩子既想靠近父亲，又期盼父亲消失从而取代他。它的表现，与力比多在口欲期的表现大同小异：在这个时期，人们会把自己喜欢的事物当成食物吃下去，心理上就认为这是让它消失了。看得出来，这种行为其实可以类比食人族。他们喜欢生吃敌人，却不会吃自己不喜欢的人。到底该怎么处理对父亲产生的同一化现象？这很容易被人忽视。当然这种情况也是会出现的——俄狄浦斯情结出现反转。小男孩会以女性角度去接近父亲，将父亲视为对象，希望直接从他身上得到性满足。于是，男孩对父亲产生的同一性就成了他将父亲视为对象的前提。同样的情况对小女孩也适用，我们只要把故事中的男孩换成女孩，父亲换成母亲就行了。

可以用一个逻辑思考对父亲产生同一化作用与把父亲视为对象的区别。之前讨论的内容中，前者男性化思维是将父亲当成一个目标；后者女性化思维是把父亲据为己有。这二者的区别在于，到底是自我的主观意识还是客观意识与父亲产生了联系。所以，男性化思维是可能出现在做出性对象选择前的。其实两者很难从心理玄学的角度去阐释它们之间的区别。我们只发现，同一化作用的目标是参照榜样来构建自我。

在神经症形成的过程中，同一化作用所起的作用更加复杂。现在我们拿女孩来举个例子。一个女孩和自己的母亲得了一样的病，比如咳嗽。这一现象可以有多种解释。可以说这种同一化是俄狄浦斯情结意义上的同一化，表示女孩对母亲已经产生了想要取而代之的具有敌意的心思，从她的症状中可以看出父亲是她要据为己有的人。而女孩会在无法做到的情况下，用另一种方式取代母亲——和母亲承受同样的痛苦。通过这一心理我们可以看出来歇斯底里病形成的完整过程，或者说，女孩患病也表现出母亲是她所爱的人。这样一来，我们只能说同一化作用取代了对象选择，而后对象选择也回归了同一化作用。我们知道，同一化作用是最早的情感联系方式，也是最原始的。对象选择在出现症状的情况下，即在压制作用和潜意识的指引之下，很容易回归同一化作用，于是自我便开始对对象的特征进行效仿。需要注意的是，在这类同一化中，自我并非一直效仿喜欢的人，它有时也会模仿讨厌的人。不管是哪种情况，这种同一化作用只会借用对象的某个特征，因而是局部的、高度受限的。

第三类症状形成的情况更加普遍，也具有不一样的意义。在这种情况下，同一化作用和被效仿的人之间没有任何对象关系。比如，某个女生收到暗恋对象写给自己的一封信，于是接收到外界给予的兴奋感，从而歇斯底里病暴发。她的一些知道真相的朋友，这种情绪以心理互相影响的方式传导到朋友身上，从而其他人也出现了同样的症状。这一同一化作用之所以会发生，就在于对方将心比心，感同身受。那些朋友很羡慕这个女生，也想拥有一段恋情，于是在没有其他办法的情况下主动选择承受这份痛苦。她们并不是因为同情才出现了相同的症状。不过，同情也是同一化的结果。比如在某些情况下，就算效仿者和被效仿者之间不像那些女生那样紧密，也会出现这种互相影响。一个自我在另一个自我身上找到了与自己相似的地方——在这个例子中就是都那么多愁善感——并围绕这个相同点对其产生了同一化。这种同一化在致病因素的作用下，也传递到了某个自我的身上。这种对某一症状的同一化，成了它们保持一致性的标志，而真正的原因却受到了压制。

从上述几个例子中，我们可以得出以下三个结论：第一，同一化作用是最原始的情感联系；第二，同一化作用以退化的形式，通过把对象投射到自我身上，取代了力比多的对象联系；第三，当一个人发现自己与他人存在相同点后，就算那个人不是他的本能对象，也有可能对他产生同一化作用。这个相同点越重要，局部同一化就越成功，也越容易建立一种新的联系。

我们已经意识到，从本质上看，群体中个体的相互联系就是一种同一化作用，借助某种情感共性建立起来。我们可以猜测一下，这种共性就是与领导者发生联系的方式。与此同时，我们也发现，我们对同一化作用的研究还不够透彻，我们在"情感代入"面前停滞不前，虽然它在我们理解那些"别人不为我知"的事情方面给予了很大帮助，产生了极大的影响力，但我们并没有考虑它对我们的理智生活有什么意义，而是把论述局限在同一化作用最主要的情感方面。

精神分析不仅能够解决一些较难的神经症问题，还可以为我们解释一些很难被直接理解的认同现象。下面，我将详细介绍两个这方面的案例，并把它们作为之后研究的素材。

大部分男同性恋是这样产生的：受到俄狄浦斯情结的影响，男孩会将情感固置在母亲身上。这种固置作用非常强烈，持续的时间也非常久。过了青春期以后，他开始用另一个性对象取代母亲。不过在此过程中突然出现了偏差：他不仅没有脱离母亲，还对她产生了同一化。他把自己当作母亲，转过头来寻找可以取代自我的对象。他用母亲对待他的方式，关爱这些对象。这个过程总是出现，也经得起检查；有人猜测有某种有机组织在推动这一转变，或者具有某种原因，不过这与我们的研究没有关系。这类同一化的丰富性才是它最吸引人的地方。它效仿之前对象的样子，把自我变得极为重要，还让它具有了性特征。在此过程中，对象被抛在了一旁。至于他是彻底被抛弃，还是被留存在潜意识之中，不是我们现在要讨论的话题。对我们来说，对被抛弃或遗失的对象产生同一化，进而取代它，并把它投射到自我身上的过程其实并不陌生。有时在小孩子身上也能直接看到这一现象。不久前，《国际精神分析杂志》上就描述了这样一个案例：一个孩子弄丢了一只小猫，为此他感到很难过，于是他索性说自己就是那只猫咪，并且开始用四肢着地的方式走路，还不肯上桌吃饭……

我们分析抑郁症时发现了另一个把对象投影的例子。抑郁症最常见的诱因就是在现实中或情感上失去了自己钟爱的对象。无情的自我贬低、残酷的自我批判和严苛的自我责罚都是它的主要特征。分析表明，自我为了报复对象，这些评价和指责原本都是针对对象的。只不过，对象的阴影投射到了自我身上——我在其他场合曾经得出过这样的结论。在这个例子中，对象的投射非常明显。

这类抑郁症还让我们得到了一些别的启示，这对我们以后的研究非常重要。自我在其中一分为二，然后一部分对另一部分大发雷霆。后者被投射所改变，包括失去了对象的自我；前者也是我们所熟悉的：它包括良知，也就是自我中具有批判性的中枢。就算是在正常的情况下，它也会批判自我，只是不会太过刻薄或缺乏公正性。在早些时候，我们已经料到自我中会存在一个这样的中枢，它不仅脱离了自我的其他部分，还与它们产生了矛盾。我们将其称为“理想自我”，认为它是压制作用中的主要影响因素、自我观察者、道德及梦境的审查者。在我们看来，它延续了原始的自恋。在发展的过程中，它慢慢吸纳了周围影响中那些自我难以满足的要求，使得那些对自我感到不满的人，可以从理想自我身上获得满足。我们还注意到，这一中枢从自我中分裂的现象在被偷窥妄想症中表现得非常明显——它来自权威的影响。不过，我们必须补充一点：现实自我和理想自我之间的差距因人而异，在很多人身上，自我的这种内部分化并没有比儿童时期明显多少。

在用这些素材理解群体的力比多结构之前，我们必须考察一下对象和自我之间的另外一些交互关系。①

① 我们非常清楚，以上来自病理学的例子无法完全解释认同现象，也不涉及群体结构的秘密。要想做到这一点，必须借助更全面、更彻底的心理学研究。从同一化作用出发，我们还要对效仿和情感代入进行研究，只有弄清楚这些机制，我们才能就另一种心理表达自己的态度。哪怕是同一化作用的现有表现，也有很多需要进一步解释的地方。比如，如果一个人对另一个人产生认同，就不会对他表现出很强的攻击性，相反，他会赞美他，帮助他。通过对这种认同现象及在此基础上建立的氏族系统进行研究，罗伯特森·史密斯在1885年出版了《血缘与婚姻》一书。他在书中得出了令人震惊的结论：认同以共同的实质为基础，所以也可以因共同进餐而产生。这一点，与我在《图腾与禁忌》中讲到的人类家族史有异曲同工之妙。

第八章　爱与催眠

语言往往能够真实地体现现实情况。所以，尽管有很多情感关系可以被称作“爱”，我们在理论上也将它们视为爱的一部分，但它们到底是不是最正确、最纯真的爱，其实很难确定。在语言中，爱也是有程度等级的区别的。对我们来说这是很容易关注到的问题。

很多情况里，爱就是人为了得到性而选择了一个特定的人的一种行为。随着最终目的的实现，爱作为达到目的的手段也会随之消失，而这些带有目的的爱统统都被归为了爱。但其实我们都知道，存在力比多作用的情况下，一切不可能这么简单就划分了。需求在得到一次满足后并不会就此停止，它还会再生，所以人就会对这个爱的对象产生持续性的占有本能，这种本能是在没有需求的时候也继续“爱”的动力。

在人类爱情生活非常特殊的发展历程中，我们还要关注一个特殊现象。普遍来说，儿童在五岁以前算是爱情生活的第一个阶段，会将父母的其中一方作为自己的爱的对象，从而得以让自己的本能得到满足。这一初级阶段结束以后会出现压制，这就致使儿童必须放弃婴儿时期的大多数爱的对象，在压制之后，孩子与父母的关系从而得到了调整。修正之后的孩子还是会和父母保持联系，不过他的本能被压制住了。从这时开始，我们可以将他对所爱之人的情感称为感性情感了。我们都知道，早期与需求和本能相关的爱会不同程度地留存在潜意识之中，最初的本能冲动也以这种方式被完整地保留下来。

在进入青春期后，孩子产生新的本能冲动，而且目标明确，就是要得到性满足。在很多孩子的成长过程中，持续存在的感性情感与这些欲望需求的本能水火不容。从而就会看到一些现象：一个男子为一位高贵的女子神魂颠倒，却无法对她产生欲望；反而那些他不爱，甚至是在轻视、瞧不起的女人身上才会产生欲望的冲动。这简直就是很多文学作品最为钟爱的典型素材。当然，更常见的情况是，随着男子的成长，存在需求的、世俗的爱和精神层面的、神圣的爱结合在一起，在“目的受压制的冲动”和“不受压制的冲动”共同推动下，他与爱的对象的关系也有所变化。我们可以用目的受压制的感性情感冲动所占的比例，去衡量一个人身上精神层面的爱意到底有多么强烈。

在这种爱的作用下，我们起初就会表现出“需求过剩”，即让喜爱的对象在某种程度上免于被苛责，并高度评价对方的所有特点。如果能够在某种程度上成功压制或击退肉欲冲动，那人们就会产生一种错觉，认为自己是因为对象的精神优点才对其产生肉欲之爱的。其实，这一过程正好相反，人们先对对象产生肉欲之爱，之后才会将那些优点一一加到对方身上。

此时，过度理想的推论会对我们的判断产生干扰。它的出现，让我们更容易找到线索。我们发现，对待对象其实就像对待自我一样，在爱中，大部分自恋的力比多都涌到了对方身上。在有些人的爱欲选择中，对象就是那个难以实现的理想自我。因为对方足够完美所以被人所爱，这种完美一般人是达不到的，所以只能通过其他的途径，满足自己的自恋欲望。

倘若需求过剩和爱的程度持续增加，这种画面感就更清晰了。这时，寻求直接性满足的冲动能够被彻底压制下去，最好的例子就是被恋爱冲昏了头脑的青少年。自我变得越来越谦虚，显得越来越清心寡欲，对象也变得越来越不可染指。最终，对象将自我的全部自爱之情悉数占去，直接导致自我为此做出牺牲。换句话说，对象将自我彻底吞并了。这类爱的例子会表现为自恋受限、谦卑乃至自残。在极端情况下，这些表现还会不断加强，并在放弃对欲望的追求后一家独大。

这种情况很容易在不幸的、难以被满足的爱的身上出现，因为每一次性满足都会使需求过剩的威力减弱。随着自我奔向对象的怀抱，理想自我也完全失去了它的功能。它本该履行批评的义务，这时却默不作声。对象所做和所要求的一切，都变得合情合理，没有什么可挑剔的地方。为了取悦对象而发生的所有事情，都不受良心的约束。在盲目的爱中，人很快就会沦为罪犯，甚至毫不悔改。我们可以用一句话归纳以上这一切：理想自我的位置被对象取代。

我们将爱的极端形式称作着迷或被爱驱使，其实它与同一化作用有着明显的区别。在同一化作用中，自我借对象的特征不断丰富自己；而在爱的极端形式中，自我十分贫乏，它奔向对象的怀抱，任由对方取代自己最重要的部分，即理想自我。但是，我们经过进一步研究发现，这样的表述看上去好像找到了矛盾的地方，其实只是一场空。这一切其实与丰富或贫乏无关，极端的爱也可以说是自我将自己投射到对象身上。或许，还有一种直击事物本质的区分方式。在同一化作用中，对象已经丧失或被放弃了。接着，它在自我中被重建，自我将失去的对象作为自己的榜样，引发了局部的改变。在爱的极端形式中，对象依靠自我的帮助得以被保留，并被自我占有。不过，问题依然存在。人能不能对被保留下来的对象产生同一化？我们是不是已经确定，要以放弃对象占有为前提去实现同一化作用？还没开始对这个棘手的问题进行讨论我们就已经发现，还有一个更接近事物本质的选择题，就是对象取代的到底是自我还是理想自我？

显然，爱离催眠很近，两者的共性也非常明显。人在深爱的对象和催眠师面前，都会表现出顺服和丧失批判力的一面。这一切以主动性的丧失为代价，毫无疑问，理想自我已经被催眠师取代了。在催眠的场景中，所有关系都变得十分清晰。所以借催眠研究爱是非常好的做法，而不应反过来。催眠师成了唯一的对象，没有别的人可以吸引注意。自我如同做梦一般，听从催眠师的要求和主张。这让我们想起在介绍理想自我时，忘记说它有执行现实检验的功能了。[①]倘若理想自我负责现实检验，并为一种感知的真实性代言，那自我肯定不会去怀疑它。此外，催眠中没有不受压制的性目标，这对维护现象的纯洁性非常有帮助。在催眠关系中，可以将性满足排除在外，让爱尽情地去奉献；而在爱中，性满足只能暂时退下去，却躲在背后蠢蠢欲动。

另外，我们可以将催眠关系当成两个人的群体结构。催眠其实不应该被拿来和群体进行比较，因为它们本来就是统一的。催眠从群体复杂的结构中，为我们提取了一个要素，那就是群体中个体与领导者的关系。由于人数有限，催眠很难和群体进行比较，就像它因为不具备直接本能而难以和爱进行比较一样。

① 但这一说法是否合理，其实还有待商榷。

从这一点来看，它介于爱和群体之间。

有趣的是，能够使人与人之间产生持久联系的正是那些目的受限的本能。这一点不难理解，因为这种冲动无法得到完全满足，而不受限的本能每次达到性目标，都会在很大程度上被削弱。存在需求的爱在得到满足后注定要减弱，如果想经久不衰，就要在开始时掺入感性情感成分，即目的受限的冲动，或是完全转变为后者。

截至目前，把催眠比作将直接本能排除在外的爱，就是对它的理性解释。若非其中存在一些不能合理解释的现象，我们完全可以用它对群体的力比多结构加以解释。关于催眠，还有许多未解之谜。它营造了一种强弱分明的氛围，因而意外产生了麻痹人的效果，其原理与对动物的恐吓性催眠完全一致。另外，催眠起作用的方式及其与睡眠的关系其实还没有完全确定。有些人容易被催眠，有些人则相反。这一对象的选择性，也表示在催眠现象中有一个未知的因素。或许正是由于它的存在，力比多结构的纯粹性才能表现出来。值得注意的是，虽然被催眠者在暗示的作用下表现得非常顺从，但他们的道德良知还是有可能进行抵抗。这可能是因为在一般的催眠中，人会保留这样一种认识，就是觉得这只是一场游戏，是在效仿另一个非常重要的场景。

通过以上论述，我们已经准备好要给出群体中力比多结构的公式了。这个公式至少对我们所研究过的一类群体适用，它的“重组”不算太过，保留了个体特征，而且有一个领导者。这样一个群体是由许多个体组成的。他们共同拥有一个对象，并把它视作理想自我，所以，他们在自我间达到了相互认同。这层关系可以用下图来表示：

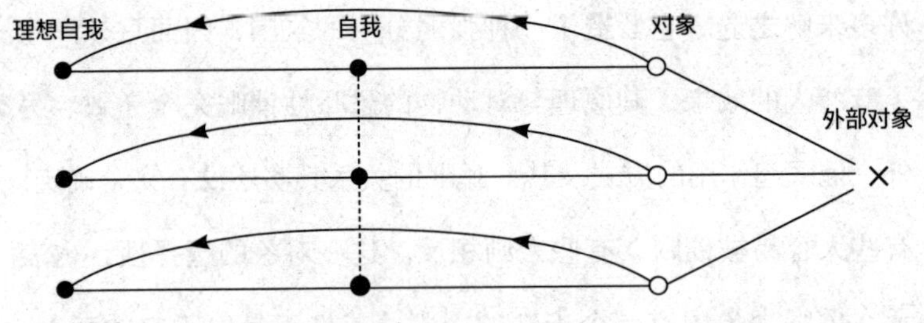

第九章　群居欲望

只有这个推论，就想要彻底探究群体的结构和本质是不可能的。在这个过程中，我们会清楚地看到，真正的区别矛盾仍然困扰着我们。现在能够解开问题的关键在于催眠是否还有我们不知道的事情。当下，我们有另一个研究方向是反对意见给我们指出来的。

我们当然可以说，群体情感联系得非常紧密完全可以用来解释它的一个特征——其中的个体做事随波逐流，追求平庸，缺少自主性和独立性。不过，倘若我们把群体视为一个整体，它还有其他特征，比如情绪不稳定、智力水平低下、缺乏自制和容忍、混乱行事、表达感知超出一切限度等等。勒庞总结出来的这些特征表明，群体的心理活动与儿童和野人的心理水准基本持平，已经退化到了一个早期阶段。这种退化非常适合那些普通的群体，就像我们之前所说的那样，在那些重组程度过高的人为群体中，退化受到了压制。

我们对于群体大体上形成了这样一个印象：单独的情感冲动和个体的智力活动力量不够强，难以独立存在，它们不得不借助他人的不断重复以便站稳脚跟。我们在读书的时候曾经看到过这样的说法：这种依赖现象是社会中极为正常的组成部分，但社会中原创性不足，却没人敢挺身而出，每个人都受控于群体心理，阶级偏见、种族霸权、公众意见等都是它的表现形式。不是只有领导者才能对他人施加暗示性影响，每个人都能对他人施加影响，这也使得依赖关系变得更加错综复杂。说到这里，我们忍不住要反思：之前我们太过强调个体与领导者之间的关系，却忽视了相互暗示。

所以我们应该谦卑地倾听另一种声音，它答应以更加简单的形式给出解释。下面的论述来自特罗特尔关于群体欲望的著作。这本书是一本佳作，但令人遗憾的是，它好像没有摆脱战争的影响，这一点或许会让人觉得不开心。

特罗特尔认为群体的心理现象是由群居欲望引起的。不管是对于人还是对于别的动物而言，这种欲望都是天生的。从生物学角度来说，这种群聚效应类似于多细胞性，也是后者的延续。从力比多理论的意义上来说，它表示所有同类生物由力比多引发的、聚集成更大单位的趋势。个体在独自存在时，往往觉得自己不够完美。小孩子的恐惧，就是群居欲望的一种表现。与群体分离，就等于在与群体作对，因此，人们非常小心地避免发生这件事。但群体对一切新的、陌生的事物都比较排斥。群居欲望是最原始的，不能再分解。

特罗特尔将他心中的基本欲望全都列了出来，分别是自我保存欲、性欲、营养欲和群居欲。最后的群居欲总是和其他三个欲望相对立。他认为，合群生物具有心理良知和责任感等性格特征。另外，特罗特尔认为精神分析在自我身上观察到的、起压制作用的力量也是由这种群居欲望引起的；同样，它也是医生在精神分析治疗中遇到的抵抗的来源。语言的意义在于它有助于群体相互理解，个体间的同一化作用在很大程度上需要依靠语言。

就像勒庞主要对具有代表性的临时群体结构进行研究，麦克杜格尔专门研究稳固的社会形式，特罗特尔对最平常的、有人作为“政治动物”生存在其中的群体组织最为关注，并就此作出了心理学解释。他认为，群居欲望最为原始、不可分解，所以人们不必进一步推导它的来源。尽管他曾提及博里斯·西迪斯的观点，即认为群居欲望来自易受暗示性，不过幸运的是，他并没有受到这一观点的影响，毕竟它遵循的只是一种普通的、不能完全令人满意的解释范式。在我看来，这句话反过来说或许才更合理，即易受暗示性来自群居欲望。

但比起反驳其他人，我们更有理由对特罗特尔的叙述提出反对意见，因为他很少考虑领导者在群体中发挥的作用，而我们则认为，忽视了领导者的作用就很难洞悉群体的本质。群居欲望理论中根本没有谈到领导者，他只是十分巧合地加入了群体之中，如此一来，这并没有办法解释人们为什么需要信仰。总而言之，没有领导者肯定是不可取的。另外，从心理学角度看，特罗特尔的叙述也不是特别完美的。也就是说，我们至少能够主张群居欲望或许不像自我保存欲或性欲那样是最原始的、不可继续分解的。

还原群居欲望的形成过程可不是一件容易的事。特罗特尔认为小孩子独处时的恐惧是群居欲望的表现，但其实用另一种方式对它加以解释或许会更适合。它一开始针对的是母亲，后来变成了另一些亲近之人，由此可见，这是欲望没有得到满足的表现，小孩子不明白该怎么办，只能将其转化为恐惧。小孩子独处时的恐惧，不会因为看到某个“群体成员”而得到缓解；相反，这类“陌生人”的到来往往会引发恐惧心理。所以，人们在很长一段时间里，根本觉察不到孩子身上的群居欲望或群体感。这类情绪最早可能产生于多个孩子同居一室之时，且与孩子和父母的关系紧密相关。最初，年长的孩子会忌妒年幼的孩子，他千方百计地让后来者远离父母，并夺走他的所有权利。直到后来他发现，父母会用同样的方式疼爱这个孩子及之后的所有弟妹，而自己又不能在对他们保持敌意的同时避免自己不受伤害，于是他只好对自己的弟妹产生认同。就这样，群体感或共同感出现在这群孩子中；后来，它又在学校中进一步发展起来。这一反向作用的首要诉求就是公平，即让每一个人都受到相同的对待。我们都知道，这一点在学校里也非常重要，是不可改变的。如果一个人成不了最受宠爱的学生，就希望别人也不要得到额外关照。如果不是最近在其他关系中注意到了这种现象，或许到现在还没有人会相信这一点：认同群体感在儿童房和学校教室里可能会让忌妒发生转变，甚至彻底将其取代。我们可以试着想想那些在某位男歌手或男钢琴家表演结束后，如潮水一般涌上舞台的、被爱冲昏了头脑的女人们。很显然她们彼此忌妒，但因为现场人数众多，也没有实现爱欲目标的机会，所以她们索性放弃了最初的想法，没有相互揪头发，只是像一个统一的群体那样，用群体行动向自己崇拜的人致敬。如果有机会瓜分他的头发作为装饰，她们肯定会更加兴奋。她们本来应该是情敌，现在却因为对同一个对象的爱，完成了相互认同。倘若欲望像平常那样存在好几个发泄渠道，那它肯定会更喜欢能够让它获得满足的渠道。如果现实情况使得目标难以实现，那么就算别的渠道离得再近，也没人选择。

毋庸置疑，社会中出现的“群体精神”来源于原始的忌妒。没有人能够鹤立鸡群，不管是贫穷还是富贵，大家都是一样的。所谓的社会公平，指的就是一个人得不到的那些东西，其他人也应该放弃，或是不能对此提出要求。要求公平正是社会良知和责任感的根源。让人感到意外的是，在梅毒患者害怕将病互相影响给他人的心理活动中也体现了这一要求。在精神分析的帮助下，我们终于明白了这一现象。其实这群可怜人的恐惧，与他们潜意识中想把疾病互相影响给他人的愿望相对应。他们的心里在想："为什么我们被感染、被隔离了，你们却安然无恙呢？"所罗门判决被传为佳话，其实当中的道理与此相同。倘若一个女人自己的孩子死了，她就不想看到别人的孩子活着。所罗门就是凭借这一观点，找出了败诉的一方。

因此，从敌对情绪到积极联系的反转是社会情感的基础，而后者的本质是同一化作用。对迄今为止的研究进行回顾，我们发现之所以会产生这种转变，是因为受到了一种共同感性情感联系的影响，而这种联系主要作用于群体之外的某个人。当然，我们对于同一化作用的分析还有不足之处，不过就我们当前的目标来说，只要我们集中注意力，坚持要求公平就行了。我们在分析教会和军队这两个人为群体时，说过它们的前提是每一个人都被领导者用同样的方式爱着。但我们不要忘记，这种对公平的要求只对群体中的个体适用，而不适用于它的领导者。每一个个体都希望与他人保持一致，却又希望有一个人能够统领大家。所以那些延续下去的群体，要么有很多相互认同的公平个体，要么有一个能够驾驭众人的领导者。所以，我们斗胆对特罗特尔的名言——“人类是群居动物”——进行修改，提出“人类是部落动物”的观点，即由一个部落领导者统领的一群人。

第十章　群体与原始部落

我曾在1912年认同了查尔斯·达尔文的猜想。他认为，一个强势男性独裁统治的人类部落就是原始部落的最初结构。从遗传学来说，这个最初的人类原始部落的故事和命脉被历史永久性珍藏了。在原始部落中，图腾崇拜尤其重要，它是宗教、习俗、社会等级的最初表达形式，而它的出现与残忍杀害部落领导者以及由父系部落向兄弟团体的转变有着密切联系。当然，像其他许多观点一样，这些说法暂时只是假说，这是史前学家对原始时期未解之谜的一种解读，却被一位可爱的英国批评家称为“平平无奇的故事”。但在我看来，倘若这些假说能够帮助我们理解一个全新的领域，那它就值得被铭记和敬重。

人类群体中经常会有这样的现象：在一群本身是平等的成员里，有一个比其他人强大很多的人。其实这就是我们概念中的原始部落。就像前文中我一直强化的群体心理主要有以下表现：个体思维丧失、逻辑情绪同化、情绪和潜意识主掌心理以及冲动实施未经深思熟虑的想法。这一切，都仿佛回到了原始的精神活动状态，即原始部落的样子。①

所以，群体就好像让原始部落回归到了现在。每个个体身上都保留着原始人的初级特征，原始部落的本质也会重现在因某些原因而凝聚在一起的群体中。只要群体行为和思想能够长久地立于不败之地，人们就仍然还是一直生活在原始部落中的，这就是原始部落的重生和延续。据此，我们可以得出结论：群体心理是人类最初级远古的心理，我们不够重视群体影响，进

---

① 我们之前说过的人类的一般特征，都对原始部落非常适用。其中，个体的意志特别薄弱，不敢实施任何行动。除了群体的脉搏，再也没有别的脉搏在跳动。只有群体意志，没有个人意志。如果一个观念没能在接受的过程中被更好地传播出去，基本上就不可能转化成意志。可以用共同情感联系过于强大去解释观念的薄弱，但生活状况的一致性和私人财产的缺失，也会使个体的心理活动趋同。就像我们在儿童和军人身上所看到的那样，就连排泄需求也表现出同一化作用。仅有的例外是性行为，因为在这方面，第三者的存在是非常多余的。在某些极端情况下，还会迫使个体经历漫长的等待。我们稍后还会提及性需求对群体性的反抗。

而单独将其区分开来的个体心理，实际上是后来慢慢从传统的群体心理中脱离出来的。后面，我们还会尝试给这一发展的出发点下定义。

仔细想想，我们发现这一结论仍然需要修正。个体心理肯定和群体心理一样传统，因为它从一开始就能被分为两类，一类是群体中个体的心理，另一类是族长或部落领导者的心理。虽然个体自始至终都很依赖群体，但原始部落中的族长却不受限制。他的智力活动强大且独立，他的意志也不用在别人身上寻找支撑。因此，我们可以推导出这样一个结论：他的自我和群体的力比多之间没有产生强烈的联系。他谁都不爱，除了自己和那些为他服务的人；他的自我，不会给对象过多关注。

他就是人类历史开始时的超人，虽然尼采觉得超人是在未来才会出现的。现在，群体中的个体仍旧需要靠假象蒙蔽自我，认为自己被领导者以公平的方式爱着。而领导者本人其实不爱其他任何人，他只需绝对自恋，但又自信和自主，保持作为领导者的本性即可。我们知道，爱会限制自恋，同时我们也可以证明，就是这种限制作用使它成为文化要素。

原始部落的族长尚未被神化，他总有一天会死去。他死后，必须有人接替他的位置，可能是他最年幼的儿子承担这一职责。此前，他和别人一样，只是群体中一个普通的成员。因此，必然有一种渠道可以把群体心理转换为个体心理。这种转换在某种条件下很容易发生。我们可以想到的只有一种情况：来自族长的限制，使得自己的儿子们很难获得直接本能的满足，他强迫儿子们禁欲，并在受限的性目标的作用下对他产生情感联系，并且在相互之间也发生联系。也就是说，族长把群体心理强加到儿子们的身上。他的性忌妒和狭隘，最终成了群体心理的来源。①

继位者成为族长后，终于能够获得性满足，并且摆脱了群体心理的束缚。当力比多在女性身上固置，当本能能够及时得到满足，目的受限的本能也就被自恋取而代之。我们在本文的后记中，还会讨论爱与性格形成的关系。

能够将人为群体凝聚在一起的，除了强制手段以外，还有一些其他要素。它们与原始部落结构之间的关系，对我们有很

---

① 或许我们也可以推测，被族长放逐的儿子们，从相互认同到同性相爱，并且最终获得了杀死族长的自由。

大启发，我们在此要着重强调这一点。我们发现，在教会和军队中，这一要素是领导者会让每一个个体感知到公平之爱的假象。而这其实是将原始部落关系理想化后的结果：族长迫害了自己的所有儿子，使他们对他心存畏惧。这一转变既是所有社会责任的基础，也为人类的第二种社会形式——图腾氏族的形成创造了前提条件。群体的必要前提——族长的公平之爱的真实存在，使得家庭成为一种稳定的自然群体形式。

但我们在把群体推本溯源、回归原始部落的过程中，还想要得到更多的发现。我们希望借此将群体结构中令人困惑的神秘的一面弄清楚。截至目前，它一直躲在“暗示”和“催眠”这两个谜团之中。我认为，这一目标确实能够实现。我们知道，催眠也有可怕的一面。这种“可怕”便指向了被压制的传统的东西。让我们对催眠实施的过程进行一番回顾。催眠师说自己拥有某种神秘的力量，能让被催眠者意志丧失，或是让他对自己深信不疑——其实二者是一回事。这种神秘的力量就是原始人心中禁忌的根源，也是国王和领导者身上散发的、使人感到畏惧而难以向其靠近的力量。催眠师说自己拥有这种力量。那他是怎么做的呢？他让别人注视自己的眼睛，以目光对视的形式完成催眠。对原始人而言，领导者的目光正是最危险、最令人难以忍受的。因为民众无法直视耶和华的目光，所以摩西必须在他们和耶和华之间充当中间人。当摩西见过耶和华后，他的脸上出现了光芒，就像原始族群的中间人那样，已经有一部分超能力转移到了他的身上。

当然，催眠也有别的方式，比如倾听单调的声音或紧盯着发光的物体。这些都很容易造成误会，或是给不可取的生理学研究创造机会。其实，这些方法的作用只是转移和固定意识注意力。这种情况就像催眠师告诉被催眠者："此时，您只需要关注我，别的任何情况都与您无关。"当然，从技术角度来说，催眠师不适宜说出这样的话。这会刺激被催眠者产生有意识的反抗，进而脱离潜意识状态。催眠师应避免使被催眠者的意识思考关注自己的真实目的，使其进入一种对任何事物都不关心的状态，但要让他们与自己建立心灵感应，也就是在潜意识中将注意力集中到自己身上。这种间接的催眠手法与有些笑话的策略很近似，它成功地阻止了潜意识过程的心理能量分布可能产生的干扰，从而达到了与抚摩或凝视等直接影响手段一样的效果。①

费伦齐曾经指出，催眠师在开始实施催眠时发布开始指令，这实际上是在取代父母的角色。他把催眠分成两种：一种是运用母亲的办法，即哄逗和安慰；另一种是父亲的方法，即震慑。因此，睡眠指令本质其实就是让被催眠者和外界完全隔离开，把全部注意力都集中到催眠师身上。被催眠者同时也认可，不受外界干扰和影响就是睡眠应有的心理本质，这也是使得催眠和睡眠状态非常像的重要原因。

催眠师运用种种手段，唤醒了被催眠者身上一代代流传下来的古老记忆。它与父母有关，父亲的记忆更是在他身上完全重现。父亲既强大又危险，在他面前只能假意敷衍，被动接受，

① 一个人在潜意识中将注意力集中在催眠师身上，而在意识之中却对外界完全不理会——这样的情况也曾出现在精神分析的治疗中，在此有必要详细介绍一下。在每次分析中，患者都会不断地强调自己脑子里什么都没有。他的自由联想止步不前，一般的推进方法也都宣告失败。经过反复追问，患者终于承认自己在想从天花板上垂下的煤气灯、眼前的那片树林和治疗室窗外的景色。我们一下子就明白了，其实他已经和治疗师产生了心灵感应，他在潜意识中将自己代入了治疗师的视角。在向患者解释清楚这一切以后，他的自由联想立刻就能够继续进行了。

没有任何个人意志。与父亲独处时，与他进行对视更是十分冒险的行为。只有这样，我们才能隐约理解个体与族长的关系。我们从其他反应中发现个体虽并不完全一样，却都有重现这些旧场景的能力。不过在催眠中，被催眠者或许觉得这只是一场游戏，是在翻新旧印象。这种想法或许会使他对催眠的严肃后果进行反抗，阻止意志的消失。

因此，虽然群体结构中可怕的、具有强迫性的一面表现为暗示现象，但其实可以追本溯源，回到原始族群时期。群体的领导者还是那个令人感到恐惧的原始部落族长，群体也仍旧希望被强大的力量统领，用勒庞的话来说就是他们渴望被征服，在很大程度上崇尚权威。原始部落族长站在理想自我的位置上统治自我，他代表的其实正是理想群体。我们完全可以把催眠视作一种二人群体。如此一来，也就可以给暗示下定义：它是不以感知和思考为基础，反而以情欲联系为根本的信念。[①]

---

① 我们在此有必要强调一下，其实通过这一章节的论述，我们已经从伯恩海姆的催眠理论来到了更早、更单纯的催眠理论。伯恩海姆认为暗示是所有催眠现象的根源，却不能进一步解释暗示。根据我们的推断，催眠的根源在于保留在潜意识中的原始人类家庭史片段，而暗示只是催眠状态的部分现象。

第十一章　自我的一个阶段

大部分群体心理学的论证都是可以互相补充论证的。而现今个体在社会上有了越来越多的生活方式，反而对所有的论述进行陈述性总结变得越来越难。

每个个体都属于若干个群体，他在许多方面与人产生同一化现象，也效仿了个体遇见过的各类型榜样并建立理想自我。在个体身上，体现出他对于他所参与的国家、种族、阶级和信仰等各集团的群体心理。而且，个体还有一些独属于个人的独立个体的心理活动。流星般存在过的群体反而比稳定长久的群体更容易让我们记得和回味。勒庞正是以对快速出现又消亡的群体的观察为依据，将群体的心理特征清晰地描绘出来。在这个不稳定、短暂又有别于其他稳定群体的群体中，刚刚被认可就迅速消失的群体存在的时间确实过于短暂。

这种情况出现的原因暂且可以理解为：个体将理想自我放弃，更青睐于以领导者为主要矛盾的理想群体。继续论证前我们需要表明，这种情况并不是在所有人身上都普遍存在的现象。大部分人的自我和理想自我分界线并没有那么清晰，所以它们很容易再度结合，自我中仍然可以窥见以前保留下来的自恋和自负。根据所有的观察就可以知道，找到一个群体中的领导者并不难，只要这个人能够拥有显著的个体特质，并且让群体中的所有个体感知到这个人的强大，力比多特质更加自由，那么他就可以是一个被人信赖的强大的领导者，从而拥有众人的拥护和对群体的控制权。这对于存在于这个群体中的一些个体来说，这个领导者本身也许并没有被视作榜样或者理想自我，但是这个人作为领袖存在后，未被同一化的人也会受到一种暗示，从而对他产生了认同趋向。

至此，上述的逻辑产生了两个关键论据帮助我们分析群体力比多结构：一是指出自我和理想自我的不同之处；二是发现了由此产生的两种联系，即同一化作用和把对象视为理想自我的行为。假定自我发展的过程中存在自我和理想自我产生区别从而分离这一阶段，这就是自我分析的第一步。各个心理学研究领域也逐渐证实了这一假设的正确性。

我在《自恋文章》中整理了一些病理学材料，它们可以论证这一区分方式的合理性。而且我们有理由相信，随着我们不断深入地研究神经症心理机制，仍然有更多的可能性和意义在等着我们。我们可以想象一个情况，从个体身上分离出去的理想自我被自我视作对象，而且在自我内部还重复我们通过神经症学所了解到的整体自我和外部对象的相互作用。

其实还有一种可能性，这种可能性对于我之前在别的地方没有解释的问题进行了支持性阐述。我们所知道的每一种心理差异都会阻碍心理运作，使它变得更加不稳定，这可能就是机体混乱、产生病灶的开始。所以我们从出生起，就经历了从自我满足的自恋、感知外部世界的变化到开始寻找对象的转变。还有一件事也与此有关：我们不可能一直承受这种新状态，所以会定期倒退，在睡梦中回到早期状态。其实，我们还是在按照外部世界的暗示，借助昼夜的变化摆脱作用在我们身上的大多数刺激。对病理学来说，第二个例子或许更有意义，却没有受到类似的限制。随着研究的深入，我们把心理存在分成两部分，即内在的自我和被排挤到潜意识之中的、独立于内在自我之外的自我。

众所周知，这一新形成的系统也会不断受到冲击。被我们舍弃的那部分会一直在梦和神经症的陪同下不断袭扰我们的精神。不过在清醒和健康的时候，我们有一些办法可以抵抗这些侵扰，我们会在自我中休息一下，从而焕活新的能量。笑话和幽默，以及一些能够产生滑稽效果的事物，都可以起到这种作用。在神经症心理学中也可以找到一些类似的例子，不过它们并不出名，所以我在这里就不过多陈述了，下面直接介绍我们是如何运用这一认知的。

在我们的本体中，自我和理想自我不可能一直分离，它们还是会重新融合。既然自我面对种种要求和限制，就必须允许它有时不时打破戒律的权力，这和节日一样，节日起源于法律所允许的放纵，因此才有了狂欢的气氛。我们今天的狂欢节和罗马人的农神节，在本质上都与原始人的古老节日没什么区别，人们在这段时间里可以肆意玩乐，将平日里最神圣的戒律通通打破。因为自我应该顺从的一切限制都在理想自我之中，所以一旦理想自我撤离，对于自我来说简直就是一个盛大的节日。如此一来，它又能感到满意了。①

当自我中有东西能够与理想自我契合时，人就会产生正面情绪；不契合就会感知到痛苦，这也表现了自我和理想自我紧张的关系。

而有一些人的基础情绪会发生周期性变化，他们起初打不起精神，随着事情的发展和时间的推移到某一中间阶段，情绪开始十分高涨，并且这种情绪跳跃极大，可以说是从一个极端走到了另一个极端。不管是表现出抑郁症还是躁狂症，都会困扰患者的生活。在这种不断循环的典型例子中，起决定作用的并不是外部诱因，我们在患者身上也找不到相应的原因，或者他们的原因与其他人没有什么两样。所以有人说，这些情况不属于神经性疾病。还有一些情绪反复的例子，虽然与这类案例

① 特罗特尔认为压制作用的根源在于群体欲望。我在《自恋文章》中写道："从自我的角度来说，理想的形成就是产生压制的前提条件。"这其实只是用另一种说法表述了特罗特尔的观点，两者并不矛盾。

非常相近，但在心理创伤上很容易找到原因，我们稍后再讲这类情况。

我们暂时还没有找到可以论述这类情绪变化的素材，也不知道为什么躁狂症可以在发展中逐渐取代抑郁症。所以，我们的猜测可能正好适用于这类情况：可能这些患者的理想自我之前把自我压制到极致，后来又暂时缓和了，与自我的关系结合起来。

为了避免误会，我们在此必须申明一点：根据我们对自我的分析，一个人在表现出躁狂时，他的自我和理想自我是融合在一起的，所以他开始失去自我审视的能力，从而导致无法让自己思考、踌躇以及自我压制，表现出的样子就是极度的快乐和自负。虽然另一方面的现象还没有得到证实，但可能性也很大：抑郁症患者的痛苦表现了自我和理想自我的对立——理想自我过于敏感，以自卑和自暴自弃的形式公然表露出它对自我的批判。所以问题就在于，自我和理想自我的关系之所以发生变化，到底是上文假定的对新管理者进行的周期性反抗，还是有别的原因。

抑郁症引发的意志消沉，并不一定会转变为躁狂症。有些简单的、只发作一次或者周期性发作的抑郁症，不会发生这种变化。另一些抑郁症的诱因就是它的病因，这种情况大多是失去了心爱的对象，或者是对象死了，或者是在某些状况下，只能将力比多从对象身上撤回。这样的抑郁症也可能会转化成躁狂症，并不断地在二者之间转换。所以，其实情况还不清楚，更何况我们现在只研究了少数抑郁症形式和案例。截至目前，我们只能理解一种情况，即自我因为对象不值得继续被爱，而将其抛弃。而后，对象又会在同一化作用的帮助下重新出现在自我中，并接受理想自我的严厉惩罚。对该对象的批评和攻击，是抑郁症中自我责罚的表现。①

就算是这种抑郁症，也有转变成躁狂症的可能。由此可见，这一转变与抑郁症的其他表现没有任何关系。

但我仍然认为，不管是自发性抑郁症还是神经性抑郁症，都必须考虑自我对理想自我的周期性反抗。我们可以认为在自

① 更准确地说，它们躲在对自我的责罚背后，还增加了它的顽固性和坚定性。这也是抑郁症患者自我责罚的一个主要特征。

发性抑郁症中，理想自我表现得更加严厉，这会使得它暂时被屏蔽。在神经性抑郁症中，当自我开始认同一个被抛弃的对象时，它会觉得自己遭受了理想自我的虐待，从而开始进行反抗。

第十二章　后记

现在，我们的研究终于告一段落。在此过程中，我们总是突然产生新的想法。我们通常并不是立刻去思考这些新问题，其实这些新的疑惑是来支撑我们去深入理解我们主要关注的问题的。接下来，我们就去回顾一下那些之前被我们放在一边的问题。

（1）我们之前研究过两个人为群体——军队和教会，从它们身上可以得到关于自我同一化和用对象取代理想自我之间差别的有趣论述。

显然，士兵会把自己的上级、军队将领当成理想自我，并对自己的战友产生同一化作用。因为这一自我共性的存在，战友间相互帮助，共享物资。不过，要是有士兵对统帅产生了同一化作用，那就有点太可笑了。因此，《华伦斯坦》中的猎骑兵，才会对那个军曹发出嘲笑：

他咳嗽和吐痰的样子，
你们学得一模一样！……

而教会中的情况却不是这样。每个教徒都把基督当成理想对象，他们不仅爱他，还以相互认同的方式与别的教徒团结起来。不过教会还提出了更多的要求。每个教徒都要对基督产生认同，还要像基督那样去关爱其他教徒。教会要求在两个方面补充群体结构中现有的力比多关系：一是在有对象选择的地方，要有同一化作用；二是在有同一化作用的地方，也要存在对象之爱。这个附加要求明显超过了群体的基础形式。一个好的教徒，却不一定愿意以基督的姿态去爱众人。身为弱小的人类，我们不必拥有像救世主那样伟大的灵魂和浓烈的爱。不过，可能正是因为改进了这一群体中力比多分布的方式，使得基督教以为自己达到了更高的道德水平。

（2）我们说过，可能在某个节点发生从群体心理到个体心理的进化，我们在人类精神的发展史中完全有可能找到这样的位置。①

为此，我们必须简单回顾一下有关原始部落族长的科学神话。因为组成群体的第一批人都是他的儿子，所以他被奉为世界的创始者。他既受人尊敬，又被人畏惧，是每个人的理想对象，“禁忌”这一概念也由此而来。后来，整个族群联合起来将他杀死，还把他大卸八块。在这一群胜利者中，没有人可以继任族长的位置，只要有人那么做，就会引起新的战争。于是他们终于明白，自己只能放弃对族长位置的继承权。最后，他们建立了一个图腾制的兄弟团体，里面的所有成员都是平等的，而且受到图腾戒律的约束。而这些戒律，其实是对当初杀人行为的纪念和拯救。不过对这一状况的不认同，也促进了新的发展。那些兄弟团体的成员，开始慢慢以一种新的方式重建传统的秩序，男性掌管家庭，在混乱时期占据统治地位的母权逐渐衰落。作为补偿，男人们愿意承认女性神祇。为了保护她们，

① 下面的论述受到了奥托·朗克的影响。

这些神祇的祭祀都会遭到阉割，如同从前原始部落的族长所做的那样。但这种新的家庭形式依然带有旧家庭形式的影子，许多家庭中都有父亲，并且他们的权力互相制约。

当时，因为急于求胜，某个个体或许会脱离群体，扮演父亲的角色。首先完成此事的是叙事诗人，他在自己的想象中实现了进步。他按照自己的内心所向，编造了许多谎言，还创造了英雄神话。他所谓的英雄，其实就是凭自己的力量将父亲打倒的人，不过后者只能以图腾怪物的形象出现在神话中。就像男孩把父亲视为自己的第一个理想对象，诗人也把自己创造的英雄当成了自己的第一个理想自我。家中的幼子可能是与英雄联系最紧密的人，母亲十分宠爱他，使他免遭父亲的忌妒。在原始部落时代，就是他继承了父亲的位置。大部分原始时代的诗作都经过虚构和改编，在这些故事中，之前作为战利品的女人教唆他人谋杀族长，并因此成了罪行的教唆者和诱导者。

英雄说自己一个人完成了整个部落联合起来才敢去做的事情。但按照朗克的评论，在童话中依然能够找到有关这一被否认的事实的明显痕迹。童话中经常出现这样的情况：往往是最年幼的儿子要去完成艰巨的任务，而且他在父亲的替身面前通常表现得有些愚笨，即并不会显露出自己的聪明才智。也正是这个人，竟然能够在一群小动物的帮助下完成任务。其实这些小动物就是原始部落中的成员。另外，我们不难发现，童话和神话中的每一项任务都是壮举。

因此，神话成了个体摆脱群体心理的第一步。而关于英雄的心理神话肯定是最早的神话，解释自然现象的神话出现得晚得多。朗克还认为，诗人迈出了这一步，并借此在想象中脱离了群体，但他在现实中又可以找到回到群体的路。他只需回到群体中，告诉众人他所塑造的那位英雄做了些什么。这位英雄其实不是别人，就是他自己。这样一来，他就在回到现实的同时，把听众们带到了幻想的巅峰。听众们都渴望与原始部落族长重建联系，所以他们不仅能理解诗人，也能对英雄产生认同。

有关英雄的神话，以将其神圣化的方式达到了顶峰。它的出现可能比男性神祇还早。因此，我们可以推断出神祇出现的顺序：女性神祇——英雄——男性神祇。不过，正是因为人们从未忘记那位族长并将其奉若神明，神祇们才出现了我们今天熟悉的那些特征。[①]

（3）在这篇文章中，我用很大篇幅去介绍直接本能和目的受限的本能。我希望，这一区分方式不会惹来太多反对的声音。现在我们继续就此进行深入分析，不过大部分内容其实早就在前面说过了。

了解目的受限的本能最早且最好的例子就是儿童的力比多发展。儿童对父母和照顾者的所有感知，都完全体现在反映本能的愿望之中。儿童要求他所爱的人温柔地对待他，他要求注视、亲吻、触摸他们，想要偷窥他们的性器官，甚至在他们去厕所时也要求在场。男孩说要娶母亲或保姆为妻，女孩则想为父亲生个孩子。我们通过观察童年残迹及对其进行分析，发现感性情感、忌妒和性目的之间有某种交集；同时我们也发现，儿童完全将自己喜欢的人视为他那还没有真正实现中心化的性追求的对象。

儿童最初的爱情结构的典型表现就是俄狄浦斯情结。我们

① 这段表述比较简练，所以我也不准备援引过多的传说、神话、童话和民俗史对我的观点加以佐证。

都知道，这一结构在潜伏期就受到了压制作用的排挤。最后能够被保留下来的部分只有纯粹的感性情感，虽然它作用于同一批对象，但与“性”毫无关系。精神分析能够洞悉心灵深处，所以它轻易证明了这一点：童年之初的性联系并没有消失，只是被排挤到了潜意识之中。它让我们有勇气这样认为：无论我们在哪里见到这样的感性情感，都能把它当成对“情欲”对象联系的延续，而这一联系的作用对象要么是同一个人，要么就是它的榜样。当然，倘若没有进行专门研究，它不可能告诉我们在特定情况下这一从前完整的本能是否受到压制，或是已经消耗完了。更准确地说，这种形式和可能性还是存在的，它随时都可以在退化作用的帮助下被重新激活，只是它目前的作用范围和真实情况比较难肯定。在这个问题上，我们一定要避免犯两个错误：一是小看被压制的潜意识；二是始终用致病程度去衡量正常的事物。一旦夹在两者之间，就会陷入进退两难的境地。

对不想看透也看不透潜意识的心理学来说，哪怕感性情感来自性追求，它的最终诉求也肯定与性没有关系。[①]

我们可以说，感性情感与性目标没有关系了，不过在符合心理玄学要求的前提下，还是很难准确描述这一转移过程的。另外，虽然这些欲望的目的受限，但仍旧保留了一些原始的性目标。就算是亲人、好友和仰慕者，也愿意靠近自己爱的人，与其四目对视——不过这种爱更大程度上是保罗所说的那种爱。如果我们喜欢那样想，可以将目标的转移当成对本能升华作用的起点。当然，我们也可以使升华作用的界限再远一点。目标受限的本能，与那些不受限的本能相比，占有更大的功能优势。因为它无法完全获得满足，所以必须不停地制造情感联系；而直接的本能在获得满足后，就要休息一段时间，以便力比多重新积聚——在此过程中，对象或许已经发生了改变。目的受限的本能，不仅可以按任意比例与目的不受限的本能汇合，还可以原路返回，甚至重新变回后者。我们都知道，一些以友谊、认同和崇拜为基础的情感联系，能够轻易地发展成性愿望。

① 显然憎恶情绪更加复杂。

这种关系在老师与学生、艺术家与粉丝之间很容易出现，特别是在女性群体中。是的，虽然这类情感联系一开始并没有这种念头，但总是会以带有性意味的对象选择而结束。普菲斯特在《京岑多夫的虔诚》一文中举出了一个非常清晰的例子——而且这绝对不是个例：浓烈的宗教联系也有退化成热切的本能的可能。不过，更常见的情况是直接、短暂的本能变成了持续存在的感性情感。如果以恋爱激情为起点的婚姻想变得更稳固，也要在很大程度上依赖这一过程。

因此，我们也不必对下面的结论感到大惊小怪：如果性目标遇到内部或外部因素的阻碍，目标受限的本能就会脱离直接本能。潜伏期的压制作用就属于一种内部阻碍——或者更确切地说，是一种被内在化了的阻碍。我们推断，原始部落族长对于性的容忍度很低，他强迫自己的儿子们禁欲，迫使他们产生了目的受限的情感联系，但他自己却自由自在地享受性的快乐，因而没有和大众发生联系。目的受限的冲动才是群体基础的情感联系。说到这里，我们已经进入了一个全新的话题，即群体结构与直接本能的关系。

（4）我们在上两段评论中已经明白，直接本能不利于形成群体。虽然在人类家庭发展史上确实存在过群体性联系，即群婚，但自我越是重视性，越是沉溺其中，就越想把这一过程限制在两个人范围内，即“一男配一女”，这取决于繁殖器的本质。要想满足多配偶的倾向，就只能交换对象了。

两个为了性满足走到一起的人，以脱离群体的方式与群体冲动和群体情感进行对抗。他们越是相爱，就越能满足彼此的需要。他们表现出来的对群体影响的抗拒就是羞耻感。他们将自身最为强烈的忌妒情绪唤醒，以免性对象受到群体结构的伤害。只有当情欲彻底征服爱的关系中涉及感性情感和私人的部分时，才会出现多人同时群交或是一对情侣在别人面前性交的疯狂场景。只是这样一来，人又会退化到性关系的早期状态，那时所有的性对象都被公平对待，爱情起不到任何作用，就像萧伯纳曾经说过的那样：爱情就是将两个女人之间的差别进行过分夸大。

多种迹象表明，直到很晚之后，爱情才开始插足男女之间的性关系，所以也是后来才出现了性和群体结构之间的对立。

这一假设从表面上看好像与我们关于原始家庭的神话不相符。原始部落中的兄弟们出于对母亲和姐妹的爱，合谋杀害了族长，即自己的父亲。人们难免将这种爱当成一种原始的、持续的爱，即感性情感和存在需求的结合。可是仔细一想，这种反对意见其实正好证实了我们的观点。以图腾为信物的异族通婚制度就是弑父行为的一种后果。这种制度禁止男子与从小时候开始便喜欢的女性家庭成员发生性关系，人为地将男性的感性情感冲动和肉欲冲动分开。到了今天，在男性的爱情生活中还有它的痕迹。按照异族通婚制度的要求，男性只能与异族的、和他没有亲戚关系的女子发生性关系。

在大型人为群体中，比如教会和军队，人们顾不上考虑把女性作为性对象的问题。这些组织内不存在男女之间的爱情关系。就算是在男女一起构成的群体中，性别差异也不能产生什么作用。所以，追问联系群体的到底是同性力比多还是异性力比多，其实没有任何意义，因为力比多不是根据性别划分的，也与各繁殖器官的最终目标没有关系。

尽管群体中的个体总是心向群体，但在他们身上还是能表现出直接本能。倘若它过于强烈，就会让所有群体结构分崩离析。天主教会要求教徒奉行不婚主义，让教士禁欲，但在爱的作用下，总是有神职人员脱离教会。对女性的爱还以同样的方式突破了国籍、种族和社会阶层组成的群体结构，从而取得了重要的文化成就。我们几乎可以肯定这样一件事：哪怕同性之爱以不受限的本能的形式出现，也更适合将群体接连在一起。我们担心对这一神奇的现象加以说明会离题太远。

通过对神经症的精神分析研究，我们发现受压制却依然保持活跃的直接本能是症状的根源。要想说得更完整一些，目的受限的本能也是诱发症状的原因之一，它不仅没有被压制住，还回到了被压制的性目标。与此对应的是神经症的反社会特征，它能够使患者脱离一般的群体结构。我们可以说，神经症以与爱相近的方式使得群体土崩瓦解。倘若群体结构能够得到强有力的巩固，那么神经症就会消失，或者至少暂时后退。有人在心理治疗中用到了神经症和群体结构之间的对立，这种做法其实自有其道理。在当今的文化世界中，宗教的幻想正在一天天消失。就算那些并不会为此感到遗憾的人，也得承认一点：这种幻想只要存在一天，就能为教徒提供最强大的保护，避免他们患上神经症。我们也很容易发现，每一个神秘的宗教团体及哲学密教团体，都可以被视作治疗各类神经症偏方。这与直接本能和目的受限的本能之间的对立有一定的关系。

当一个神经症患者离群索居、孤立无援时，他只能用症状结构取代群体结构。他搭建起自己的幻想世界，里面有宗教，还有他的妄想系统，他还以扭曲的方式创立了人类的整套制度。这也让我们看到了直接本能的强大力量。

（5）最后，我们再用力比多理论比较一下我们所研究的这些内容。

爱只能容纳自我和对象。同时存在直接本能和目的受限的本能是爱的前提。在此过程中，对象将一部分自我力比多吸引到自己的身上。

催眠和爱一样，仅发生在两个人之间，但它以目的受限的本能为基础，并用对象取代了理想自我。

群体对这一过程进行了复制，它与催眠在冲动来源及用对象取代理想自我这两方面是一致的。不过它多了一个要素，即个体间的认同。与对象的相同联系可能就是认同的根据。

催眠和群体结构，来自人类力比多的种系起源史。催眠是原因，群体是直接的遗留部分。直接本能被目的受限的本能所取代，也促使自我和理想自我发生分离。在爱的状态中，已经出现了这种转变。

在这些内容中，神经症表现得特别显眼。它也以人类力比多发展的特质和潜伏期阻断的直接性功能的两个发展阶段为基础。从这方面来说，它也具有退化的特征，这一点与催眠和群体结构相同，却是爱所没有的。它总是在直接本能受阻，没有转化为目的受限的本能的情况之下发生，也是矛盾冲突的产物。冲突的一方是完成了这一发展过程的冲动，被自我所接纳；另一方则是同一股冲动中被挤入潜意识的部分，与其他彻底被压制的冲动一样追寻直接性满足。它的内容特别丰富，因为它包括自我和对象之间的所有关系，不仅有对象被保留的情况，也有对象在自我中独立存在或是被放弃的情况，以及自我和理想自我的冲突关系。

第三篇

Part 3

自我与本我

前言

本文中想要讨论的思想我在《超越唯乐原则》一文中已经提到过。就像我在那篇文章中所说的那样，在写那篇文章时我就对这个问题十分有兴趣，并且着重思考了这个问题的本质到底是什么。

本文要探讨的就是这个思考的深入层次，我会在接下来加入更多精神分析领域提供的示例和现象，从而尽可能地得到更多的新的论述或者结论。这一次的论述和《超越唯乐原则》的区别在于，《自我与本我》将不会以生物学为基础和开端，我希望这篇文章侧重的角度更贴近纯粹的精神分析。这篇文章不是假说，而是尝试汇总结合各路观点和看法。因此，《自我与本我》将会有更重要的意义和更深远的目标。但是我也需要表明，这篇文章依然具有它的不全面性，以及它仍然是一个初级阶段的分析。

此外，本文中会提及暂时还不是精神分析研究的内容，这就很容易触及一些对精神分析并不感兴趣的学者曾提及的理论，或一些曾经专注于研究精神分析但现在已经另走他途的学者曾经发表的理论。在别的地方，我向来十分愿意承认与其他一些研究者的联系，不过这一次，我认为自己不必感谢任何人。倘若精神分析到现在为止还没有对某些东西做出评价，那只是因为精神分析所走的这条路还没有延伸那么远，而不是因为它不在意后者的成就，或者想要否认它的意义。就算精神分析真的发展到了那个程度，它对事物的理解也不会与他人雷同。

第一章　意识和潜意识

这一章的主要内容是把话题引入，所以这一章提到的内容很可能有些人会在其他地方曾有所耳闻。

精神分析的基本就是要先明确“意识”和“潜意识”的区别是什么。它能够让精神分析理解心理中普遍但关键的病理过程，并了解这两种意识在科学结构中意味着什么。也就是说，精神分析必须把意识当成一种心理特质，而不能把心理的本质放在意识之中。这种特质或许能与别的特质一起存在，也并不一定会出现。

如果对心理学感兴趣的人看这篇文章，接下来就会有一个情况在读者中出现：一部分读者看到这里，就会看到精神分析的第一个标志性思想在这儿出现了，从而因为接受不了这个观点而离开。大部分学过哲学的人，都普遍认为意识之外是没有任何心理活动的。让他们接受意识之外的心理活动是不可理喻的，他们觉得只用逻辑就可以驳斥这个想法。而我也知道，这些决定离开的读者之所以会觉得匪夷所思，是因为他们并不了解催眠和梦是什么，更深层次的病理现象就显得更为遥远而陌生了。如果他们愿意去研究这些现象，就会知道我不是在胡说八道。不过反过来说，他们的意识心理学也解释不了梦和催眠的问题。

一开始，“被意识”以最直接和最确定的感知为基础，是一个单纯的描述性的术语。通过了解以往的经验可以得知，心理要素经常被人们所忽略，而“意识”状态很快消失才是常态。现在还能被感知的认知，可能在下一刻就会突然消失。不过，这种意识在某些很容易创造的条件下也可以重新回归。

在此过程中，我们不明白它变成了什么，但我们可以说，它没有消失，所以它随时可以再度出现在意识之中。如果我们说，这种认识以前是“无意识”的，那也没问题。这里的“无意识”，与“暂时消失后可以再重现于意识中”等概念有关。那些哲学家一定会否认我们的想法，认为“不被意识到”这个术语在这里就不合适，只要一种认识处于潜藏状态，那就不能说它属于心理范畴。这种没有意义的术语辩论是不能让我们得到任何结论和收获的。

而我们是通过重复再改良以往的经验，推导出了“潜意识”这一术语。精神动力学在对于这些经验能够形成且为我们所用立下了汗马功劳。我们发现，或者说我们假设：特别强大的精神过程或认识是真实存在的——在此，我们先从经济学或数量方面去讨论这一问题，它跟别的认识一样，能够在心理中引发一切后果。这些后果甚至能够作为认识在意识之中出现，但它们自己却不会出现在意识之中。

在这里，我们不必详细介绍已经说过很多遍的内容，只需强调一点：精神分析理论就是从这里切入的，它断定这些认识不可能被意识到，因为有一种力量在与它对抗。如果没有后者，那它就可以进入意识之中，如此一来，我们就会发现它其实与我们所熟悉的别的心理要素区别不大。因为精神分析技术已经找到方法，可以消除这种对抗力量，让被它抵制的认识都进入意识之中，所以这种理论就获得了绝对的正确性。我们把这种认识进入意识之前的状态叫作“压制状态”。我们在分析工作中把这种能够导致压制状态并且推动它继续运作的力量叫“抗拒力”。

所以，压制理论是我们的潜意识概念的根源。对于我们来说，被压制的事物就是潜意识的样板。不过我们也发现，有两种类型的潜意识：一种是暂时消失的，能够重现进入意识的；另一种是遭到压制的，无法进入意识的。

我们对心理动力学的了解，难免影响了术语和描述。我们把那些从描述性意义上来说很难被意识到的潜藏事物，称为“前意识”；至于那些在动力学意义上被压制在潜意识中的事物，则专门用“潜意识”一词来形容。于是，我们现在一共使用了三个术语，即意识、前意识和潜意识。它们的意义已经不再是纯描述性的了。

经过推论，我们认为前意识与意识更接近。既然我们觉得潜意识是心理上的概念，那前意识当然更无可非议了。那为什么我们不像哲学家那样，从意识心理中将前意识和潜意识剥离出来呢？哲学家们甚至会建议我们将前意识和潜意识当成“类心理”的两个层次。如此一来，我们就和他们达成了共识。但这样做会给我们的论述带来难以估量的困难，而且实际上类心理在别的方面都与人们所公认的心理没有什么不同；只是因为存在偏见，它才被放在了无关紧要的地方。而这种偏见，就是从人们对类心理及其关键内容没有多少了解的时候开始出现的。

只要我们记住，动力学意义上只有一种潜意识，而描述性意义上有两种，我们就能自由地使用意识、前意识和潜意识这三个术语了。

我们在某些场合可以忽略上面的差别，但有些时候却不能这么做。不过，无论如何，我们对潜意识的双义性早就已经习以为常，因此并没有遇到多大困难。在我看来，很难彻底避免这种双义性。毕竟意识和潜意识之间的差别，是一个非黑即白的感知问题，而感知行为本身不会让我们知道它为何感知或者没有感知某种事物。就算一种现象中的动力因素具有两种解释，我们也不该对此产生抱怨。[①]

---

① 以上内容可参考“对潜意识概念的说明”(见《弗洛伊德全集》第八卷)。在此，我们有必要提一下，对潜意识的批评也发生了全新的转变。有些研究对精神分析所观察到的事实表示认可，但他们不愿意承认确实存在潜意识，于是他们根据意识现象存在不同等级的强度和清晰度的事实，编造了一套谎言。人们能够生动、清晰、鲜明地意识到某些过程，也容易忽略另一些过程，或者只能较为微弱地意识到它们。而被精神分析“错误”归入“潜意识”的那些内容正是最微弱的过程。那些人觉得，这些过程也是意识，或也在意识之中，只要我们足够关注它们，就能强烈地感知到它们的存在。

这类问题的判断，既不受感情影响，也没有惯例可循。只要它还在能够用言词论证的范畴里停驻，就没有浪费我的一番口舌。这一解释援引意识清晰，却没有任何效力。它好像只是在说：“世上存在着明亮程度不同的光，有最耀眼的光芒，也有最昏暗的微光，但是根本没有黑暗。”或者说：“生命的活跃程度不同，所以根本不会发生死亡。”这些话固然有其道理，但是假如有人从中推导出一些特定的结论，比如“所以一切有机物都不会死”或“所以我们根本不用点灯”，那显然是不适宜的。此外，把自己忽略了的事物归于意识，只能使心理系统中唯一确定的事情也变糊涂。我认为，一个人并不知道的意识，比潜意识更加荒唐。最后，这些人这么做，相当于在容易忽略的事物与潜意识之间画了等号，这根本没有考虑其中的动态关系，而这恰恰是精神分析不断强调的。这种做法没有关注下列事实：第一，让人们关注这些被自己忽略的事物，本身是一件非常困难的事情，也需要付出许多的努力；第二，即便成功了，意识也不会发现这些过去没有被关注的事物，反倒会把它们当成陌生的、对立的事物，并对它们进行排斥。因此，把人们忽略的事物与潜意识等同起来，本身就是偏见导致的结果。而把意识等同于心理的全部，是造成这种偏见的原因。

随着精神分析研究的不断深入，我们意识到这种区分方法也有一些不足之处。以下这种情形在反映这一点的过程中起到了重要作用。我们认为，一个人的精神活动紧密结合，能够形成一个组织，即他的“自我”。自我掌管着机体的运动性，能够把兴奋感排到外部世界。意识依附于自我而存在，自我是控制一切部分过程的精神中枢。这种控制力到了晚上会暂时休息，不过还是会审查梦的内容。压制作用出现在自我之中，它不仅要将某些精神追求从自我之中赶出去，还要让它无法以别的方式获得实现及认可。这些被压制作用排挤的事物在精神分析过程中站到了自我的对立面，精神分析的任务就是将自我抵制这些事物的力量一一消除。不过我们在分析过程中发现，患者在特定的任务面前会产生畏难心理，当联想与被压制的内容接近时，他就不想再继续了。这时我们要告诉他，他正面临抗拒力，否则他就会对此一无所知；就算他从不开心的感知中想到自己可能正面临抗拒力，也无法说出它们的名字和内容。不过这种抗拒力来自他的自我，这就使我们陷入了一个难以预料的境地。我们还在自我之中发现了潜意识的东西，它的表现与被压制的事物相同，也就是说，它造成了强烈的影响，却很难被意识到，我们必须通过特殊的努力，才能让它们回到意识之中。这一发现对精神分析实践产生了下面的影响：倘若我们继续用自己习惯的表达，比如把意识和潜意识的冲突当成神经症的病因，我们就会遇到难以计数的不确定和难题。依据我们对心理结构关系的了解，我们必须用“紧密结合的自我”和“由它分裂出的受到压制的事物”之间的对立取代“意识”和“潜意识”的对立。

对于我们的潜意识观念来说，这一改变有着非常深远的影响。我们根据动力学观察进行了第一次修正，又根据对结构的观察准备进行第二次修正。我们发现，潜意识与被压制的事物是不完全相同的。所有被压制的事物都属于潜意识的范畴，但并非所有潜意识中的事物都会被压制。自我的一个非常重要的部分也可以属于潜意识，或者说它肯定属于潜意识。这一部分潜意识并不像前意识那样处于潜伏状态；不然，它要想被激活就必须进入意识，而且让它进入意识之中也是很容易的。当我们意识到自己还需要提出第三种潜意识概念，即不被压制的潜意识时，我们必须承认，潜意识的特征正慢慢失去意义。它不像我们所期待的那样产生唯一的深远影响，而是已经成了一种多义的品质。但我们不能把它抛弃，因为深层心理学尚处在黑暗阶段，“是否属于意识范畴”这一属性是此时仅有的明灯。

第二章　自我与本我

当我们研究病理学时，我们更倾向于研究被压制的事物。后来我们更新了认知，自我中也有一部分内容属于潜意识范畴，此后，我们便想更好地了解自我。过去，我们的研究只围绕着意识或潜意识进行，不过，现在我们发现潜意识并不局限于现有的意义。

其实，我们的一切认识都与意识有关，我们必须要把潜意识带入意识中才能真正理解它的本质。我们是怎么做到的呢？意识接收到某件事是一种什么状态？这样的接收是如何发生的呢？

对于这些问题，我们已经有了一定的了解。我们在前面说过，意识是心理中枢的最外层，从空间角度来看，它与外部世界最为接近。我们将它视作一个功能，归入一个系统。顺便说一下，我们在这里所说的空间角度包括两层含义：一是功能的作用空间；二是解剖学意义上的结构空间。我们也必须从这个能感知外部带来的兴奋感的表层开展研究。

起初，我们把意识定义为所有感知的集合，这个词里包含了外界的影响所让我们形成的感觉，也包括来自内部的感知，即我们的情绪。那些被我们简单地称为思考过程的内部过程，又是怎样的呢？在执行动作的途中，精神力量在心理中枢内从原有位置转移到新的地方，这就是思考的过程。如果力量可以转移，那它们能不能向产生意识的表层移动侵入呢？或者意识会去它们那儿？我们发现，一旦我们开始从空间、地域的角度认真地对心理现象进行研究，就会遇到很多阻碍，比如上面的问题。倘若这两种可能性都不值得考虑，那肯定能找到第三种方法。

我曾经就潜意识观念和无意识观念之间的真正区别做出过这样的猜测：潜意识观念之所以会发生，依靠的是我们不了解的素材，而后者与言语认识有关系。我们进行的第一步尝试，是赋予这两个系统不同于其与意识关系的明确的标识。因此，对于“一种事物怎样进入意识”这个问题，如果说成“一种事物怎样进入前意识”就更合理了。对此，我们的回答是：通过与相应的言语认识之间的联系。

这些言语认识属于记忆中留下的印记，它们其实是一种感知，也像其他记忆痕迹一样可以重新进入意识之中。我们继续研究它们的特质前，其实有一个新的发现仍然在困扰我们：意识能够接收到的内容势必是意识曾经感知过的内容，除了内因外，其他内容想要被意识感知到并接收，就要先变成外部感知，这一过程只能在记忆痕迹的帮助下完成。

在我们看来，多个与“感知—意识”系统相关的系统之中都有记忆痕迹，所以它的可调动能量可以迅速从内部传递到这一系统的内部。我们很容易想到幻觉，以及幻觉和外部感知与最生动的记忆之间总是存在差别这一事实。但是，当被遗忘的储存过的记忆重新被记起来，可调动能量依旧留存在记忆系统之中，而当可调动能量从记忆痕迹向意识要素延伸，并且彻底转入其中时，就产生了与感知难以区分的幻觉。

听觉识别是言语痕迹的第一个来源，于是前意识系统就获得了一个特别的感官来源。阅读为言语认识提供了视觉部分，不过这部分是次要的，我们可以把它暂时放在一边。同理，言语的运动轨迹也可以暂时忽略。只有聋哑人需要借助辅助字符阅读，除此之外这一点几乎没有什么作用。毕竟，言语只是人们所听到的言语在记忆中的痕迹。

但我们不能为了思考便捷就忽略思考对一样事物的视觉记忆痕迹的意义，更不能否定它存在的价值。许多人都喜欢以寻找记忆痕迹的方式让意识重新接收思考过程，我们也可以这么做。根据瓦伦东克的观察，通过研究梦和前意识幻想，我们对视觉的特征能够有所了解。人们发现，在视觉思考过程中，只有具体的思想素材进入意识。至于组成思想的重要部分，即里面的种种关系，则没有视觉的表达。因此，图像思考只是一种并不完整的意识化形式。与言语思维相比，它更加接近潜意识过程，而且不管是从个体还是从种系起源的角度来说，都比言语思维的历史更加悠久。

我们重回正题。假如这就是原本属于潜意识的事物进入前意识的方式，那么就可以这样回答“被压制的事物怎样进入

（前）意识”的问题：我们通过分析工作，先建立一个潜意识的中间环节。这样一来，意识就能够留在原位，潜意识也不用上升为意识。

外部感知和自我的关系非常清晰，而内部感知和自我的关系则相反，所以需要我们好好研究一番。我们不免要怀疑，把肤浅的“感知—意识”系统与所有意识联系在一起，到底是不是正确的做法。

心理中枢中各式各样心理过程的感觉都属于内部感知，来自最深层次的感觉自然被包含其中。不过我们对它们的了解非常少，直到现在还以为快乐与不快的欲望是解释它们的最佳模型。与外部感知比起来，它们更加基本，也更加原始，哪怕是在意识不清的状态下也能产生。我曾经在别的地方对它们的心理玄学根据及更大的经济意义进行过介绍。这些感觉和外部感知一样，有很多个来源——它能够从几个不同的地方同时传来，并带有不同甚至互相矛盾的性质。

产生正面情绪的感知不具有压迫性，而负面情绪的感知则与之相反。负面情绪追求的是不稳定并且寻求快速出口，因此我们认为负面情绪会使得可调动能量增加，而快乐则会使得可调动能量减少。有些事物以正面或负面情绪的状态进入意识，倘若我们把它们称为精神活动中的量和质上的异类，那问题就变成了“这样的异类必须先被传导到感知系统中，还是当场就能进入意识之中”。

第一种看法获得了临床经验的认可。它表明，这种异类的表现就像被压制的冲动一样，它能够在自我忽视强迫产生的情况下产生驱动力。不过，当强迫遇到抗拒力或者发泄过程受到妨碍时，这种异类就会当场变成不快乐，并顺利进入意识之中。痛苦与需求紧迫感一样，也能在潜意识中停留。它介于外部感知和内部感知之间，就算来自外部，也可以表现得像内部感知一样。因此，感觉和情感要想成为意识，必须通过意识系统。如果这条传导路线遭到阻断，那就算接收兴奋感活动中出现了同样的异类，它们也不能变成感觉。为了方便，我们通常将它们称作潜意识感觉，并把它们和观念进行类比，但其实这种称呼并不完全正确，这种类比方法也有不合理的地方。不同之处在于，人们应该先创造潜意识观念的连接部分，以便它顺利进入意识中，而潜意识感知能够跳过这一过程直接进行传导。换句话说，对于感觉而言，意识和前意识之间的区别没有任何意义。感觉或者是意识的，或者是潜意识的，前意识在这儿起不到任何作用。就算它与言语认识有联系，也不需要在后者的帮助下进入意识之中，因为它们能够直接完成这一过程。

这样一来，言语认识的作用就非常清楚了，内部的思考过程在它们的调停下转变成了感知。照这样看，“一切都来自外部感知”的说法似乎是真实的。如果一种思想的可调动能量特别集中，人们就能从外部感知到它，并认为它是确实存在的。

将外部感知和内部感知与“感知—意识”系统的关系解释完以后，我们总算能够继续扩展自己对自我结构的认识了。我们得到了三方面的认识：第一，自我从感知系统出发，将感知系统作为它的核心；第二，依靠记忆痕迹的前意识属于自我；第三，就像我们知道的那样，自我中也有一部分潜意识。

现在，我想如果我们按照一位学者的思路开展研究，将会取得很大收获，尽管他由于个人原因，一直说自己的作为与崇高、严肃的科学不一样。没错，我说的就是乔治·格罗代克。

他反复强调，我们说的自我在生活中其实一直处于被动状态。按照他的说法就是，我们依靠某些未知的、不受控制的力量“活着”。尽管他的说法没有完全排除其他观点，我们还是照单全收，一一采纳，并竭尽全力为它在科学界争取应有的位置。我建议认真研究格罗代克的观点，把来自感知系统、一开始就属于前意识的事物叫作“自我”，把由此延伸出来的、另一个表现得像潜意识的心理事物叫作“本我”。

这一观点到底能不能帮助我们论述并促进我们的理解，我们可以耐心等待结果。目前在我们看来，个体中不为人知属于潜意识的部分，相当于心理意义上的本我。来自感知系统并将其作为核心的自我，处于本我的表层之外。倘若我们非要将这一切描述得更加形象，那还可以说，自我并没有彻底将本我包住，而是出现在感知系统可以形成表层的地方，它们之间的关系如同胚盘与受精卵。自我与本我没有严格的界线，它的末端甚至与本我融合在一起。

被压制的事物也和本我融合在一起，不过它只是本我的一部分。由于抗拒力的作用，被压制的事物只能和自我分开，不过它们可以借助本我进行交流。我们很快就发现，我们在病理学研究的基础上进行的那些区分，其实都只针对我们可以了解到的心理中枢的表层。为了形容这层关系，我们可以想象一下，不过这样做只是为了便于表述，不要对其进行过度解读。我们还在图上给自我加了一顶“听觉的帽子”。不过根据大脑解剖学的研究，它只存在于一边，应该是一顶被戴歪的帽子。

自我其实是本我的一部分，只是在外界影响和“感知—意识”系统的调节下产生了一些变化，从某种程度上来说，它是表面分化的延续。这一点其实不难看出。自我想让外部世界影响本我及其目的，努力将在本我中占据统治地位的快乐原则替换成现实原则。感知在自我中的作用与欲望在本我中的作用是一样的。自我包含着普通人所说的理性和谨慎，而本我则代表着激情。这符合人们最为常见的分类方式，但通常只被视为一般正确或者只有在理想的情况下才是正确的。

自我往往掌控着一个人的能动性，这表现了它在功能上的重要性。它和本我的关系，如同骑手和自己想要驯服的马匹，不过马匹的力量往往比骑手大得多。仅有的区别在于，骑手依靠自己的力量去驯服马匹，而自我却要利用借来的力量。我们还可以将这个类比延续下去：自我像骑手一样，想与马匹（即本我）在一起，因此，它大多数时候都没有其他选择，只能跟随本我去它想去的地方。所以，自我总会像对待自己的欲望一样，把本我的欲望转变为行动。

促使自我形成、将它与本我区分开来的除了感知系统以外，还有一个因素。一个人的身体，特别是它的表面，是一个外部感知和内部感知同时并存的地方。和其他对象一样，它也可以被看到，但触碰之下却会出现两种感觉，其中一种感觉与内部感知没有什么差别。在心理生理学中已经充分讨论过一个人的身体怎样从感知世界中显露出来，在此过程中，痛苦好像也发挥了一定的作用。人们在患病感到身体疼痛的时候，会重新认识自己的器官，这可能就是我们认识自己身体的典型方法。

自我首先是身体的自我，它既是表面的事物，也是表面的投射。如果硬要将它与解剖学进行类比，我们最容易联想到的就是解剖学家所说的“大脑里的小人”。它们就像我们知道的那样，在大脑皮层上倒立，脸朝后，脚跟朝上，支撑着大脑左侧的语言区。

我们一再讨论自我与意识的关系，在此还要澄清一些重要的事实。我们已经对从社会和道德价值视角去审视世界感到习以为常，但在潜意识之中对于低等的激情活动也不觉得吃惊。但是我们希望，在价值系统的排位中，精神功能排得越高，就越容易找到去往意识的路。但我们对精神分析的经验感到非常失望。就算要求审慎地思考，一些复杂和细致的智力工作也不必进入意识，在前意识中就能完成。这类情况有据可查，是确凿无疑的。比如，它们可以出现在睡眠中，具体表现为：有人在睡醒后得到了某个问题的答案，或者解开了一道数学难题。其实就在前一天，他还苦思冥想地努力寻求答案。[①]

还有一种让人觉得陌生的经历。我们在分析过程中发现，有些患者的良知和自我批评，也就是那些精神层面的高级成就，不仅完全处于潜意识之中，甚至作为潜意识的一部分发挥着重要的作用。在精神分析过程中，像抗拒力停留在潜意识之中的

① 不久前，我刚好听说了一个类似的事例。而且别人之所以对我说这件事，居然是为了反驳我对“梦的工作”的描述。

现象绝对不是唯一的例子。尽管我们向来坚持批判性地看待问题，但发现“潜意识心理良知”的存在，与这种新经历的帮助是分不开的。这让我们更加迷茫，也给我们带来了新的谜题。特别是我们还发现，在众多神经症的形成过程中，“潜意识心理良知”起到了决定性的经济作用，并极大地阻碍了疾病的治疗。假如我们想回到自己的价值系统，就不得不承认：在自我中，最低级的事物和最高级的事物都可以是无意识的。我们仿佛要以这种方式对之前所说的话加以证明：意识的自我首先是身体的自我。

第三章　自我与超我

如果自我仅仅是真实的外界，体现出的是受到感知系统影响而改变的一部分本我，那么情况就简单多了。可惜的是，情况比想象中复杂，这其中还有别的影响和因素。

自我中其实也并非一个整体，其中的分层被称为“理想自我”或“超我”。我曾经提过这样做的原因，现在看来这很合理。①不过超我和意识之间的联系并不稳定，这也是下文中我们会继续论述的新论题。

我们不能局限于现在讨论的范畴，要把目光放长远些。通

① 只是我曾犯过一个错误，认为现实性检验是超我的功能，这一点必须立即修正。将现实性检验当成自我的任务，才更符合自我和感知世界的关系。以前，我对于“自我的核心”没有给出准确的说辞，在这里也有必要重申一下：自我的核心其实就是“感知—意识”系统。

过假设，我们已经合理地分析出抑郁症患者为何痛苦：这是因为患者在自我中重新确立了失去的对象。换句话说，就是同一化作用替代了对象占有。最开始的时候，我们不知道这个现象究竟意味着什么，也不清楚其实这样的同一化作用已经十分常见并且具有代表性了。后来，我们知道在自我的形成中同一化作用影响巨大，并且对个体的性格与特质也非常关键。

对象占有和自我同一化在个体初级口欲时期是差不多的。所以我们可以初步猜测，后来本我出现了生理需求，才随之产生了对象占有的行为。一开始自我并不能做出决定甚至被压制，即使知道这样的对象占有的行为已经开始发生，也无法控制这一切的进程，只能从发展中暂时退让出来。[①]

倘若不得不放弃这样的性对象，那自我也会随之发生变化。就像抑郁症表现出来的那样，对象在自我中重新得到确立。我

① 在原始人的信仰和随之而来的禁令之中，也出现了与用同一化作用代替对象占有类似的情况。在原始人看来，如果人吃掉了一种动物，他的身上就会体现出这种动物的特征。我们都知道，这一信仰引发了同类相食现象，也造成了图腾会餐和圣餐仪式的出现。口腔欲望时期征服对象的欲望导致的后果，直接对后来的性对象选择产生了影响。

们并不知道这一替换具体是怎样完成的。可能是自我通过内省，即用退化到早期发展阶段的方式使对象被放弃，或使这一过程有成功的可能。也许自我同一化原本就是让本我放弃对象的前提条件。总而言之，在早期发展阶段这一过程非常普遍，这让我们相信，自我性格表现了对象占有被放弃的情况，反映了对象选择的变化。当然，我们起初就承认每个人的抵抗能力是不一样的，所以对于来自性对象选择史的影响，不同性格的人可能会表现出不同程度的接受或抵制。人们发现，有些女性经验十分丰富，在她们身上对象占有退化为性格特征的过程很容易被还原，甚至可能同时出现对象占有和自我同一化，换句话说，她们的性格在对象被放弃之前可能就已经发生了转变。这样一来，性格转变的存在时间或许比对象占有还要长，或者说在某种意义上容忍了后者。

还有一种观点认为，从选择性对象到自我发生改变的过程，也是自我控制本我，使二者之间的联系得到加强的过程，尽管这表示自我要在很大程度上对本我的行为表示包容。只要自我产生了对象的特征，它就会将自己作为对象并强加给本我，为了补偿后者的损失，它会说："你看，我与对象几乎一模一样，你也可以爱我啊！"

显然这种从对象力比多转变到自恋力比多的过程，代表着放弃性目标和丧失性欲，即出现了升华作用。因此，下面的问题非常值得深入研究：这是不是实现升华作用的惯用方式？是不是每一种生活作用都以自我作为媒介出现？之后，再由后者把带有性意味的对象力比多转变成自恋力比多，进而促使它向另一个目标转变。[①]至于这种转变会不会引发其他的欲望变化，比如让原本混合在一起的各种欲望全部分离，稍后我们再谈。

虽然我们刚刚将注意力过于集中在自我的多种对象同一化上的行为有些偏离主题，但这是一个必要的过程。倘若它们占据优势，变得特别强，又互不相容，就会导致病理性的后果。这或许会引发自我分裂，使得各种自我同一化相互干扰。所谓的多重人格，也就是各种自我同一化轮换占据意识的情况，可

① 在将自我和本我区分出来并引入了自恋的概念以后，我们必须把自我当成力比多的大本营。因此，我们也可以将在同一化作用的影响下涌入自我的力比多称为"次级力比多"。

能就是这么发生的。哪怕情况没到那么严重的地步，各种自我同一化之间的矛盾也会造成自我解体，尽管这些冲突并非都具有致病性。

不管后来的性格怎样抵制对象占有被放弃的影响，初期完成的第一批同一化带来的影响一直具有持续性和普遍性。说到这儿，不得不讲一讲理想自我的起源：在它的背后是个体第一次同一化作用，也是最不寻常的一次，对象是他当时心目中的父亲形象。[①]它与对象占有的结果不一样，它更加直接，出现得也更早。但在第一性阶段，与父母同时相关的对象选择，好像会经由正常的发展途径向同一化作用转变，使原始同一化作用的力量得到进一步加强。

这个过程非常复杂，我们有必要对其加以解释。有两个原因会导致这一复杂局面：一是个体体质的双性特征；二是俄狄

① 更准确地说，是“双亲形象”，因为在孩子对两性差异有清晰的认识之前，对父母的价值评判是一样的。不久前，我从一个事例中发现，一个年轻女子发现自己没有阴茎后，并不知道所有女子都没有这一器官，而是觉得低贱的女子才这样。她认为自己的母亲是有阴茎的。不过为了方便表述，我在这儿只讲对父亲的同一化作用。

浦斯情结的三角特征。

我们以男孩为例，简单交代一下案例内容。起初，他将母亲作为自己的对象占有，这种念头起源于母亲的乳房，也正好说明对象选择是有一定的依赖性的。当时，父亲成了他同一化的对象。在一段时间里，这两种关系相安无事，直到男孩的性愿望不断增强，并且发现父亲会阻碍他实现这一愿望，于是便产生了俄狄浦斯情结。男孩对父亲的同一化开始带有敌意，并且他的愿望最终变成了除去父亲，占领他在母亲身边的位置。此后，男孩与父亲之间就充满了矛盾，起初便潜藏在同一化作用中的矛盾心理也在这时慢慢显露出来。简单来说，把母亲视作感性情感对象和对父亲的矛盾态度就组成一个男孩正向的俄狄浦斯情结。

在俄狄浦斯情结被消除的过程中，男孩不能继续把母亲当成对象占有。此时，可能会发生两种变化：他要么对母亲产生同一化，要么继续加强对父亲的同一化。后者比较常见，在它的允许下，可以在一定程度上保留对母亲的感性情感。随着俄狄浦斯情结的消失，男孩性格中的男子气概不断加强。女孩俄狄浦斯情结的最终结果与此类似，也可能是加强这种认同感或对母亲产生同一化，从而使她性格中具有女子特点的部分得到强化。

这类同一化没有把被放弃的对象引入自我之中，所以不符合我们的预期，不过这种情况确实会出现，而且比起男孩，在女孩身上更容易被发现。我们在精神分析研究中，总是观察到女孩不再将父亲视为爱情对象后，反而继承了父亲的男子气概，之后她并没有对母亲产生同一化，反而对父亲产生了同一化。这一切，都取决于她的男性体质是否足够强势，不管它是由什么组成的。

综上所述，男女两性的俄狄浦斯情结，最后都可能会表现为对双亲的同一化，这是由两个性别体质的相对强弱关系决定的。这也是双性体质影响俄狄浦斯情结发展趋势的一种方式。除此之外，还有另一种方式，而且更加重要。我们发现，简单的俄狄浦斯情结只是对俄狄浦斯情结进行简化和模式化的产物，并不是最常见的，不过这些处理总能得到实践的支持。我们通过进一步研究发现，还有一个更加完整的俄狄浦斯情结，以儿童原始的双性体质特征为依据，可以将它分成正向和反向的俄狄浦斯情结。换句话说，男孩不只会对父亲产生敌对情绪，把母亲当成感性情感的选择对象，他同时也会像女孩那样，把母亲作为仇恨的对象，而对父亲产生某种女性的感性情感。引入双性体质，在很大程度上对我们解释原始对象选择和同一化作用之间的关系产生了干扰，也增加了将它们清晰地描述出来的难度。在孩子与父母的关系中产生的那种矛盾心理，或许应该完全被归于双性体质的影响，而不是像我在之前所说的那样，来自同一化过程中的矛盾。

我认为，人们完全可以假设普遍存在完整的俄狄浦斯情结，尤其是在神经症患者身上。从分析经验来看，在很多案例中，某一个成分都可能会消失得无影无踪，所以最后会引发一系列后果：完全正常、正向的俄狄浦斯情结和与它对立的、反向的俄狄浦斯情结是两种最极端的情况，在它们之间，还有很多正反向俄狄浦斯情结会以不同的比例一起出现。在俄狄浦斯情结消失时，它所包含的四种追求会在对父亲和对母亲的同一化周围聚集。对父亲的同一化会依附正向情结的母亲对象，同时将反向情结的父亲对象取而代之。同理，对母亲的同一化也会发生类似的情况。两种同一化的强度变化因人而异，表现了两种性别体质力量的不对等。

因此，被俄狄浦斯情结掌控的性阶段发展的最终结果，往往是自我中出现了两种相互联系的同一化。这种自我的变化地位非常特殊，能够作为超我或理想自我，与自我中的其他内容形成对立。

但超我除了是本我第一次对象选择的痕迹物以外，也对后者具有强大的反作用。它不仅会提醒自我“你应该像你父亲那样做”，还会禁止自我“你不许像你父亲那样做”，换言之，有一些事情是父亲的特权，自我不能触及。这种双重要求之所以会出现，是因为理想自我必须尽力压制俄狄浦斯情结，毕竟就是后者的骤变导致了它的出现。当然，这并不是一件简单的事。因为双亲，特别是父亲会阻碍俄狄浦斯般的愿望的实现，幼稚的自我为了武装自己，便在身上构建了同样的障碍，希望借此达到自己的目的。它借用了父亲身上的一部分力量，并因此造成了深远的影响。父亲的特征被保留在超我里，俄狄浦斯情结越强烈，就越快遭到压制，超我也将以潜意识或道德心理良知的形式出现，并严格管控自我。至于这种具有强迫性的、以绝对命令为表现的统治力量到底从哪里来，稍后我将说出我的猜测。

下面，我们再来总结一下自我出现的过程。它的诞生与两个极为重要的生物学事实有关：一个是俄狄浦斯情结的存在；另一个是人类小的时候长期感到无助并容易对他人产生依赖。而俄狄浦斯情结又能够追溯到潜伏期打断力比多发展，进而引发性生活的两个阶段。照现在看来，俄狄浦斯情结是只有人类才有的表现，甚至有一种精神分析假说认为，这是冰河纪引起的文化发展所遗留下来的。如此一来，超我和自我的分离便成为个体和种系起源中最为重要的特征，它让双亲的影响能够不断延续下去，并以此让人们永远记住促成它诞生的时刻。

人们曾无数次指责精神分析，说它对人性中崇高、道德和超越个体的一面不够重视。但是不管是从历史还是从方法论的角度来说，这种指责都是不公正的。从历史角度来说，一开始自我中的道德和审美倾向就对压制产生了推动力。从方法论的角度来说，这些人不知道精神分析研究与哲学系统不同，没有现成的完整的理论结构，它只能通过细致地研究正常和反常的现象，帮助人们理解复杂的心理现象。只要我们对心理中被压制的事物进行研究，就不用担心无法反映人性中高尚的一面。现在，既然我们已经有勇气去分析自我的构成，我们就完全可以对那些出于道德感发出“人性中还应该有更高尚的事物”之类抱怨的人说：“是的，理想自我或超我就是这种高尚的事物，它代表了我们与双亲的关系。”小时候，我们对这种高尚的事物既羡又怕，后来则学会了接纳它们。

所以，俄狄浦斯情结遗留下来的理想自我是本我中最强大的冲动，也表现了最重要的力比多发生的变化。在自我的地位确立以后，它就掌控了俄狄浦斯情结，并且向本我的安排表示屈从。从本质上看，自我是外部世界，代表的是现实，而超我代表的则是内部世界乃至本我。于是我们能够得到下面的推论：自我和理想自我的矛盾，首先是外部世界和内部世界、现实和心理的矛盾。

本我在形成的过程中，采纳了许多人类命运和生物学在本我中创造和遗留的东西，并使它们重新绽放光芒。理想自我的形成过程与个体的远古遗产有着最为深入的联系，后者指的是种系发生过程中的产出物。理想自我出现以后，个体心理中最隐秘的东西，成了我们的评价系统中人类内心最崇高的部分。不过将理想自我代入形容自我和本我关系的比喻之中，或者用确定自我位置的方式去确定它的位置，都是在做无用功。

我们很容易证实一点：理想自我使人类对崇高事物所提出的一切条件得到了满足。它不仅取代了人们对父亲的渴望，还促进了一切宗教的萌芽。自我主动和理想自我进行比较，就能轻易发现自己的不足，从而产生虔敬的宗教感知，就连那些教徒也仰仗它们。在接下来的发展中，父亲的角色继续由教师和权威扮演，他们的训诫在理想自我中留下了难以磨灭的印记，并以良心的形式表现出来，负责进行道德审查。人们感知到的自责感就是道德要求和自我言行之间的差距。如果个体的理想自我十分相似，它们就会对彼此产生同一化，并由此形成社会情感。

人类的高尚情操[①]，比如宗教、道德限制和社会情感等，其实本来都是一回事。我曾在《图腾与禁忌》一书中作出过这样的猜想：高尚情操都是父亲情结在种系起源意义上演化出来的。宗教和道德限制是人们在克服自身俄狄浦斯情结的过程中获得的结果，社会情感是青年为了避免彼此竞争导致的必然结果。男性对这些社会道德领悟得更好，他们得到的东西又以交叉遗传的方式向女性传导。对个体来说，直到现在社会情感依旧超出对兄弟姐妹的忌妒心理和竞争冲动。敌对情绪没有得到满足，反而促使个体对最初的对手产生了同一化。通过观察轻度同性恋者，我们也证实了自己的猜测：感性情感对象选择这一同一化作为自己的替代物，而它则取代了敌对情绪和攻击性。

说起种系起源，又出现了新的问题，而且是我们一心想要回避的问题。在这些问题面前，我们表现得有点犹豫，但犹豫毫无益处。我们必须勇敢地进行尝试，哪怕这会暴露我们的不足。这些问题如下：到底是原始人的自我还是本我从父亲情结

① 在此，我先把科学和艺术放在一边。

中获得了宗教和道德？如果是自我，那我们为何不说这是它继承的呢？如果是本我，这与本我的特征一致吗？又或者说，我们在那么早的时候并不能正确区分自我、本我和超我？还是我们应该大方承认，自我的这些过程对认识种系起源毫无益处，对后者也不适用？

我们先说最简单的问题。自我和本我的分化对于原始人和更为简单的生命体同样适用，因为它们都会被外部世界影响。而超我则与那些促成图腾主义的经历相伴出现。其实到底是自我还是本我经历并获得了宗教和道德，根本不是问题。稍微动动脑筋就能想明白，本我除非通过自我，否则是不可能经历或感知外部变化的。对本我而言，自我代表的就是外部世界。但我们不能直接说自我继承了这一切。在这里显现出了现实个体和种族概念之间的巨大差异。另外，我们也不能过于刻板地看待自我和本我的不同之处，不要忘了，自我是本我分化出来的一部分。以前，自我的经历好像不会遗传，但是如果它们总是以足够的强度反复出现在许多代个体身上，就会转变成本我，也就是说对它们的印象被保留下来了。于是，自我的无数残痕便被具有遗传性的本我接纳了。当自我用本我将超我创造出来时，它可能只是恢复了早期的自我形象，让它们获得重生的机会。

我们从超我的发展史中观察到，早期自我和本我的对象占有之间发生的冲突，也会延续到自我与超我的矛盾中。倘若自我没有顺利克服俄狄浦斯情结，在理想自我的还原过程中，后者从本我中获得的可调动能量就会重新发挥作用。理想自我与潜意识本能之间的联系，可以用来解释理想自我为什么很难被自我触及，以及它为什么大多是潜意识的。在经历了快速的升华作用和同一化作用之后，涌动在更深层次的斗争依然没有结束，反而不断向更高的领域蔓延。

第四章　两种欲望类型

要想找到心理中的自我、本我、超我的本质有何区别，就必须从描述和理解心理中的动态关系中寻找区别的真相。我们也对自我受到感知的特殊影响进行了证明，总体来说，感知与自我的关系和欲望与本我的关系等同。不过自我是经过改变的本我的特殊部分，它也像本我一样会被欲望影响。

不久前，我在《超越唯乐原则》一文中对欲望的情况进行了介绍。现在，我还是坚持这样的观点，并基于此开始进一步的讨论。我们必须区分两种欲望。一种是繁殖本能，看得出来这是很容易被看透的一种欲望，它既包括本身不被压制的繁殖本能，也包括由此延伸出来的目标受限及升华过后的本能，比如自我保存的欲望。在我们以往的认知中，这种欲望属于自我的范畴。在刚刚开始分析工作的时候，出于一些条件的限制，我们把它和显示出性意味的对象欲望摆到了对立的地方。第二种本能会比性更复杂一些，我们最终认定虐待本能作为它的代表。我们前文中提到过的以生物学为根据解释和论述，从而得到的结论是人都会有一种追求死的本能，目的是让有机体回到无机状态。而性目的则是通过对零散的生命物质的不断整合，构建新的复杂的生命体，并使新生命得以继续生存。其实这两种欲望都非常保守，一心想要恢复被生命的出现所扰乱的状态。生命的出现，不仅是继续生存的动力，也是追求死亡的动力。这两种追求之间争斗和让步的结果就是生活。其实生命起源问题是一个宇宙学问题，而生命的目的和目标原本有两个答案。这两种欲望类型都有特殊的生理学过程，并同时作用于每一种生命物质中，只是它们的比例不完全相同，所以最后必然有一种物质能够成为性的主要代表。

我们不知道这两种类型的欲望是怎样相互联系、混杂和融合的。不过，有一点是可以肯定的，即这一过程规模庞大，而且定期发生。随着单细胞有机物构成了多细胞生命体，其中死的本能被抵消，在肌肉系统的调度下，破坏性的欲望被传导到了外部世界。因此，针对外部世界和其他生命体的破坏本能就成了死的本能的部分表现。

既然我们假设这两种欲望类型可以相互融合，那它们或多或少也应该可以相互分离。各种欲望有效融合的最典型案例就是繁殖本能中的虐待成分。一旦虐待本能作为变态行为独立出现，尽管这种分离并不彻底，也能成为两种欲望相互分离的典型。于是，我们又看到了很多从来没有被人从这个角度分析过的事实。我们认识到，为了得到发泄，破坏欲望必须定期为性服务；我们还发现，欲望分离的结果和标志就是羊痫风；我们开始懂得，在强迫症等严重精神疾病的后果中，要尤为重视欲望的分离和突出的“死的本能”地位。概括地说，我们推断力比多退化的本质，就是欲望的分离。同样，从早期力比多到绝对性器官时期的精华，都与性成分的支持有关。我们忍不住要问，普遍存在于神经症体质倾向中的强烈的矛盾心理，是不是同样来自欲望分离。不过它看起来非常原始，反而更像是未完成的欲望融合的结果。

我们注意到一个问题：在假设自我、本我和超我存在的同时，又假设存在两种欲望类型，它们之间有没有某些有价值的联系。此外，掌管心理过程的唯乐原则，与两种欲望类型及心理分化是否有某种固定联系。不过在开始讨论之前，我们必须消除关于问题本身的疑惑。唯乐原则当然是真实存在的，临床经验也证实了对自我的区分，但两种欲望之间的区别好像没有那么确定，甚至可能被临床分析的事实驳倒。

似乎的确存在这样的事实。我们用爱与恨的对立表示两种欲望的斗争。我们能够十分从容地找出性的代表，不过要是能找出死的本能的替代者，那我们就该感到十分庆幸了。我们确实幸运地找到了它，那就是被恨意掌控的破坏欲望。如今，临床观察又发现，恨不仅定期陪在爱的身边，或是在人际关系中比爱更早出现，而且在某些情况下，恨与爱可以相互转变。假如这种转变不只是时间上的更替，那在性和死的本能之间，也就没有这种根本性的区别，因为存在两种相互对立的生理过程是存在区别的前提。

只要存在合适的原因，一个人就可以在爱恨之间转变，不过这些显然不是我们要研究的问题。同样我们也不准备研究另一种情况：爱意在暴露出来之前，或许会先表现为攻击性倾向和敌意。因为在对象占有的过程中，毁灭性的成分或许会走在性成分的前面。在神经症心理学中，我们确实能够找出许多案例证明转换是真实存在的。不过在迫害妄想症中，患者和某个特定的人存在同性恋联系，而且这种联系非常强烈。为了进行反抗，他只能采取特殊的对策。结果，他将这个自己爱的人想象成了要害自己的人，于是对他表现出强烈的攻击性。我们还可以对此进行补充：在这之前的某个阶段，爱向恨发生了转化。近来的精神分析研究表明：对立情感存在于同性恋的诞生和社会情感去性化的过程中，不仅十分强烈，还会让人具有攻击性倾向。在克服了它之后，过去憎恨的对象变成了自己爱之人或同一化的对象，于是产生了新的问题：能不能把这种情况当成由恨到爱的直接转换？在这里对象的行为并没有改变，只是发生了纯粹属于内部的变化。

通过分析研究妄想症的转变过程，我们发现可能存在另一种机制：从一开始就存在矛盾态度，反向的可调动能量转移导致了变化的产生。这种转移指的是从本能中抽走能量，移到敌对冲动身上。

一些并不完全相同，但总体差不多的情况总是发生在克服造成同性恋的敌意竞争中。因为敌对态度没有希望获得满足，所以考虑到经济的问题，用爱的态度取代了它，而爱的态度更容易被满足，即存在更高的发泄可能。因此，恨直接转变为爱的情况并不会在以上案例中发生，因为两种欲望类型性质的差异不允许产生这一变化。

我们也发现，在提出从爱到恨的另一种转化机制的同时，我们也默许了另一个需要解释清楚的假设。在我们看来，心理中存在可以自由转换的中立能量。它们天生冷漠，为了提升自己的总可调动能量，会去支持分化后的本能或毁灭冲动。倘若不假设有这种能够转移的能量，我们就没有办法继续研究。现在，问题就变成了这种能量到底来自哪里？它属于谁，又代表着什么？

繁殖本能有哪些性质？它在千变万化的欲望发展过程中是怎样保存下来的？对于这两个问题我们并没有清晰的认识，也还没有取得任何进展。我们倒是能够轻易观察到具有性意味的部分欲望。我们在它们身上发现了一些属于同一框架的过程。

比如，部分欲望在某种程度上相互沟通；来自某个敏感部位的本能会自降强度，以便让另一个来源的部分冲动能够加强；可以用一种欲望的满足来替代另一种欲望的满足。诸如此类的情况，也让我们做出了更多类似的假设。

我在之前的讨论中也只给出了假设，而不是证据。但有一点是可以肯定的：这种中性能量能够在自我和本我中活动、转移，自恋的力比多储备，即去性欲化的性就是它的来源。根据我们观察，性欲望与毁灭欲望相比更具可塑性，也更容易被转化和引导。所以我们可以继续作出猜测，这种能够转换的力比多服务于唯乐原则，目的是为其清除发泄的阻碍。显然，只要发泄能够顺利进行，采用哪种完成方式一点都不重要。我们明白，这是自我中占有过程的典型特征。其实在性占有的过程中，具体对象是谁一点都不重要。这一现象在精神分析中必须完成的移情环节更加明显。不久前，奥托·朗克列举了一些非常典型的例子，说明神经性报复可以在错误的对象身上发生作用。这一潜意识活动，让我们不禁联想到一件令人发笑的事：因为村里仅有的铁匠犯了死罪，却要处死三个裁缝中的一个。总而言之，惩罚必须到位，哪怕它没有发生在真正有罪的人身上。我们早年可以在梦的工作中发现这种现象。在我们所研究的案例中，与这里的惩罚对象一样，发泄的途径也处于第二位。同样，对自我来说，选择发泄途径远没有准确选择对象重要。

如果这种可以转移的能量是去性欲化的力比多，我们就可以称它们为“升华”的能量，因为它仍然坚守着性的主要目标，即联系和结合。由它建立的那种统一，就是自我的标志。倘若我们从广义角度分析，把思考过程也纳入其中，那对繁殖本能力量的升华便为它提供了能量。

我们又发现，在自我的调节下升华作用可能会定期发生。在此之前，我们也遇到过这种情况。我们隐约记得，自我将本我最初和后来的对象占有全都消除了，它借用它们的力比多，将其与同一化作用引起的自我变化联系起来，最终达到了这一目的。这些力比多向自我力比多转变后，便将性目标放弃了，即实现了去性欲化。这帮助我们了解了自我在处理与性的关系时取得的一项重要成就。它用这些方式把自己变成了唯一的爱情对象，控制了原本作用于对象占有的力比多，并使得本我的力比多去性欲化，也就是得到了升华。如此一来，它就达到了抵制性目标的目的，并开始服务于相反的本能。在此过程中，它必须对本我的另一些对象占有保持太多默许。自我的这一行为或许还会导致另一种后果，我们在后面继续谈。

在此，我们必须扩充一下自恋理论。一开始所有力比多都在本我周围聚集，而自我还没有成形，或者说它的力量尚且非常微弱。后来，自我利用一部分力比多去占有性对象，等自己的力量变强之后，自我就把这部分对象力比多接纳过来，并将自己作为爱情对象强行加到本我身上。自我的自恋，是从对象中抽取出来的、次级的自恋。

我们不止一次发现，我们所追踪的本能总是来自性。如果没有《超越唯乐原则》中的思考和了解到性的虐待特征，我们很难坚信欲望具备两重性。不过既然我们已经提出了这一观点，我们就必须说：死的本能大部分都是沉默的。生活中的躁动通常来自性，即生的本能[①]，以及对性做出的反抗！

---

① 我们认为，原本毁灭欲望作用于自身，只是在性的作用下才转向外部。

我们很难反驳下面的观点：力比多阻碍了生活过程。在自我与力比多进行斗争的过程中，唯乐原则发挥了指导的作用。假如费希纳提出的稳定原则确实掌控着生活，而生命最终会落入死亡，那性的诉求就是引入新的紧张感，阻止接收兴奋感水平下降。在唯乐原则的指引下，本我用另一种方式进行抵抗。首先，它在努力使那些尚未被去性欲化的力比多的要求得到满足，即努力直接满足繁殖本能。其次，它又在这种聚集了众多部分要求的满足中，成功地将承载性紧张感的性物质一一摆脱。从某种程度上来说，在性行为中，性物质的排泄代表了躯体与胚胎原生质的分离。其实性满足完全实现后的状态与死亡有些相似，在某些低等动物身上，繁殖行为就会导致死亡。这些生物的生命因繁殖而结束，因为在性得到满足而被排除在外后，死的本能掌管了整个局面，并能够为所欲为。最后，就像我们听到的那样，自我帮助本我战胜了这一切。它让一部分力比多升华，并为自己和自己的目的服务。

第五章　自我的从属关系

一直被强调的绝大部分自我是同一化作用塑造的，这种作用取代了被自我放弃的调动能量。第一次的同一化与自我分离，形成了超我，它在自我中定期调和疏导，使得自我能够继续发展。后来，自我变得越来越具有掌控欲，通过逐渐强大的力量开始反抗这些逐渐控制个体的影响。在与自我的关系中，超我之所以能如此被看重主要有两个原因：第一，在出现初次同一化作用时，自我是无法作为掌控者存在的；第二，超我是俄狄浦斯情结遗留下来的，它把影响最大的对象引入了自我之中。尽管超我并不是一成不变的，但它始终保留了以父亲为榜样从而得到的特质。换言之，它有足够大的能量来压制住自我并掌控它。它的存在让人们知道自我从初级开始是弱小且需要扶植和帮助的。就算后来自我越来越强大，它还是习惯于受制于超我。就像孩子们不得不顺从父母的想法，自我也不得不听从超我的命令。

俄狄浦斯情结就是超我源自本我的第一次对象占有。对它来说，这一点还有更加重要的意义。就像我们之前说过的那样，这让超我与本我在种系起源上获得的东西产生了联系，使它成了早期自我结构的循环产物。而早期的自我结构，曾对本我产生过影响，从而推导出超我始终与本我有千丝万缕的关系，甚至能够在自我面前代表本我。它深入本我之中，所以与自我相比，它与意识的关系反而更远。[①]

通过临床事例给我们提供的素材，我们可以更好地理解这些关系。这些事实一直都存在于研究范畴中，但是我们还没有进行梳理和整合。

在对一部分人进行精神分析时，他们总是有异于常人的表现。假如我们给了他们具有更多可行性的治疗前景，或是让他们知道现在的治疗已经有了不错的成效，他们反而会传递出不满和焦躁的情绪，这甚至会影响到他们的身体健康。一开始，

① 可以说，精神分析或心理玄学意义上的自我有着倒立的姿态，这一点与解剖学意义上的自我一样。

学科上认为这是患者固执的抗拒，或是以此让医生知道他们不能被战胜。后来，我们对这一现象形成了更加深刻和合理的认识。我们相信因为这些人忍受不了赞赏和认可，所以才会出现这种反常的表现。所有促进康复或让症状暂时消失的局部治疗方案，都会使他们的痛苦增加。因此在治疗过程中，他们的情况不仅没有好转，反而变得越来越差。我们可以把他们的表现称为“反向治疗反应”。

毋庸置疑，在他们身上有一些事物会妨碍患者痊愈，随着康复的临近，这种阻力就越强烈。人们会说，这些患者对于疾病的需求是远大于治愈的。假如我们用常规的思路来理解这一现象，只能看到表层现象——他们在固执地抵抗医生的帮助和治疗，他们更倾向于自己处于疾病中，因此拒绝痊愈的任何希望。以上这些情况大多很难处理，这些都成了医生治愈患者最大的阻力，其严重程度甚至超出自恋者不闻不问的态度，也超出我们已知的那些对医生产生抵触情绪，坚持要从疾病中获得益处的情况。

人们终于发现，这一切都与“道德”因素有关系。这是一种心理良知，患者认为在生病的痛苦中可以减轻对道德的心理良知。虽然这种解释听上去并不是非常全面，但至少是我们可以相信的。不过对患者来说，这种心理良知并不是大张旗鼓地告知，而是潜移默化地存在于患者的身体里。患者不会觉得自己有罪，只是觉得身体不舒服。这种心理良知就是身体痊愈的最大阻碍，而且，我们也很难让患者相信自己之所以病了这么久还没康复，都是这一原因造成的。患者更愿意相信精神分析并不能够治愈他这种更简单的理由。[①]

① 对精神分析师来说，与潜意识心理良知带来的阻碍进行斗争是一个艰难的过程。我们不能直接反抗它，只能间接地将患者潜意识中被压制的致病根源揭示出来，并渐渐把它转化成有意识的心理良知。如果这种潜意识心理良知来自别的地方，即对曾是其性对象占有的人产生同一化导致的，那我们就有合适的机会进行干预。这种接过他人身上的心理良知的行为，通常是被放弃的爱情关系留下的仅有的、隐秘的痕迹。它很像抑郁症。倘若我们可以把潜意识心理良知背后曾经发生的对象占有揭示出来，那就能够顺利地完成治疗任务，不然的话，肯定难以保证治疗的效果。疗效的好坏，首先由心理良知的强烈程度决定，但治疗时通常很难调动强大的力量去反抗它，疗效可能还由患者是否愿意让精神分析师取代他的理想自我的角色决定。这会使精神分析师想要扮演患者眼中的先知、救世主和心灵拯救者，不过精神分析坚决反对这种使用医生人格的方法，所以我们只能如实承认，精神分析的效果在这种情况下受到了限制。毕竟，精神分析的目的不是杜绝出现疾病反应，而是让患者的自我可以自由选择怎么去做。

当然，我们现在考虑的都是极为严重的情况，不过在极端的神经症案例中这样的情况应该特别注意，但现在这种重视程度明显没有达到应有的标准。

心理疾病的严重程度可能就是理想自我的行为这一因素决定的。因此，我们必须再说一说心理良知在不同条件下的表现。

存在于意识之中的正常的心理良知不会阻碍分析，它以自我和理想自我之间的紧张感为基础，表现了一个人的批判中枢对自我进行的审判。神经症患者大多会产生自卑感，就与此有关。在强迫症和抑郁症中，心理良知的表现最为强烈。理想自我非常严厉，会对自我进行苛责。但除此以外，理想自我的行为也有区别，这一点具有特殊的意义。

在某些强迫症中，心理良知特别强烈，在自我面前却又无法表明其正确性。于是，患者的自我不想承认自己有罪，并希望医生能够帮助自己摆脱心理良知。这时顺从他的心意其实是非常愚笨的行为，因为这样做不会产生任何效果。研究分析表明，患者的超我会受到其他过程的影响，而这正是自我所不知道的。被压制的冲动导致了心理良知的出现，而我们确实有可能发现这一点。在此，比起自我，超我更了解潜意识的本我。

超我对意识的掌控在抑郁症中似乎更加强烈。但在这种情况下，自我甘愿认罪，没有进行反抗就自觉接受惩罚。我们可以理解这种区别：强迫症中的反抗冲动出现在自我之外；而在抑郁症中，超我的愤怒对象在同一化作用的调节下被接纳到了自我之中。

其实在这两类精神疾病中，心理良知变得如此强烈并不是正常的事，它的主要问题在于别的地方。我们先把它搁到一旁，稍后再谈。

心理良知存在于潜意识中的现象，主要在歇斯底里病或歇斯底里式的状态中出现。我们可以轻松地推断出它的机制。来自超我的批评，严重地困扰着歇斯底里的自我。后者通过压制行为对这种不愉快的感知进行抵制，就像在反对无法忍受的对象占有。因此，心理良知存在于潜意识之中，完全是自我导致的。我们知道，通常来说，自我的压制作用是受超我指使并为其服务的。不过在这个例子中，它却调转枪口，将同一件武器对准了自己的主人。反向作用是强迫症的主要表现，但在这里，那些造成心理良知的材料却被自我成功地远离了。

我们可以大胆一点，进一步假设大部分心理良知存在于潜意识之中，因为实际上良知的产生与俄狄浦斯情结也有一些内在联系，而后者属于潜意识的范畴。假如有人想要坚持矛盾的观点，认为普通人既比他所以为的更不道德，又比他所以为的更高尚，那么精神分析如果为前半句话提供了依据，就不会反对后半句话。①

我们发现潜意识心理良知的增加也会促使一个人去犯罪，这令人难以置信，但它就是这样。人们发现，很多罪犯，特别是年轻的罪犯在犯罪前就产生了强烈的心理良知，所以这种心理良知成了犯罪的原因，而不是它的后果。如果可以把犯罪感与现实的事情联系起来，对他们而言反而是一种安慰。

在这些关系中，超我与潜意识中的本我具有内在联系，与意识中的自我则没有关联。考虑到前意识言语痕迹在自我中的重要性，我们忍不住要问：如果超我是潜意识的，那么它的组

① 这句话看起来有些矛盾。它只是想说，一个人本性中的善与恶都超出了他自以为的范畴，即他的自我通过意识感知所了解的范畴。

成成分是言语认识还是别的什么东西？对此，比较谨慎的回答是：超我毕竟是自我的一部分，所以它无法否认自己可能来自听到的事物，它往往通过言语认识进入意识；但把可调动能量这些超我内容进行引导的是起源于本我的事物，而不是听觉感知、说教和阅读。

我们一直没有回答这样一个问题：超我为什么会表现为心理良知，并如此苛刻地对待自我？我们先来看抑郁症的情况。我们发现，强大的超我控制了意识，在自我面前表现得十分冷酷，总是大发雷霆，仿佛一个人身上所有的虐待倾向都被它占有了。根据我们对虐待行为的了解，可以说它是聚集在超我之中的破坏成分向自我发泄的结果。这时，超我似乎已经彻底被死的本能征服了，如果自我不能及时以转向躁狂症的方式对超我的残暴进行反抗，就会被死的本能成功逼上绝路。

在某些强迫症中，良知的谴责也会让人难以忍受，不过我们还不太清楚这种情况。需要注意的是，强迫症患者与抑郁症患者不一样，他们永远不会选择自杀，他们对自杀的危险免疫程度非常高，在这方面受到的保护比歇斯底里病患者好得多。

众所周知，对象的存在保障了自我的安全。所以强迫症患者可以彻底退化到性器官前期，好让爱的冲动变成攻击对象的冲动。在这种情况下，破坏欲望又开始自由活动并想要将对象摧毁，或者它至少流露出了这样的想法。但自我拒绝了这些倾向，并用反向作用和预防措施去抵抗它们，最后它们只好选择留在本我之中。不过超我认为此事应该由自我负责，于是它严肃地表明自己要追究这些毁灭意图，它没有把这一切视为退化引起的表象，而是觉得恨的确取代了爱。夹在中间的自我势单力孤，只能在残暴的本我提出的无理要求和严苛的良知做出的指责之间徒劳地挣扎。最后，它终于勉强抵挡住来自两方面的粗暴攻击，结果却陷入了无止境的自我折磨，随后，它便也对自己能触及的对象开始了系统的折磨。

个体在处理具有危险性的死的本能时会采用不同的方式：一部分欲望因为混入了性成分，于是慢慢变得无害；另一部分欲望的攻击性被引向外部，不过大部分死的本能仍旧在内部自由活动。那么在抑郁症中，死的本能为什么会在超我中积聚呢？

我们可以从限制欲望和道德性的角度来分析：本我冷酷无

情，完全不讲道德；自我遵纪守法，努力遵从道德规范行事；超我既可以像自我那样讲道德，也可以像本我那样毫不讲理。需要注意的是，一个人越是限制自己对外界的攻击性，其理想自我就越是严苛并且具有攻击性。一般的观点与此刚好相反，往往认为理想自我的要求是压制攻击性。但事实情况就像我们说的那样：一个人越是努力控制自己的攻击性，其理想自我对自我表现出的攻击性倾向就会越强，它好像把枪口对准了自身的自我。另外，一般的道德也有残酷的一面。正因如此，人们才会觉得超我具有公正的高尚本性。

为了继续进行我的论述，我在此必须提出一个新的假设：超我的出现来自对父亲的同一化作用。每一次同一化都具有去性欲化及升华的特征，各种欲望在这样的转变中好像也发生了分离。升华以后，性成分就没有了集聚破坏性的能力，因而后者便自由了，开始表现出攻击倾向和破坏倾向。因为欲望的分离，理想自我具备了冷酷无情的特征，开始发布命令。

在强迫症中这层关系又有所不同，让我们稍作解释。爱与攻击性的分离是在本我之中完成退化过程的结果，而不是自我的功劳。只是这个过程中自我进入了超我，使得超我更加严厉地要求无罪的自我。但不管是在抑郁症中还是在强迫症中，自我都在同一化作用的帮助下战胜了力比多，却也遭受了掺入力比多之中的超我的攻击性的惩罚。

我们对自我的认识越来越清晰，它的种种关系也越来越明确。我们知道了自我的优势和劣势。它承担着重要的使命，依靠与感知系统的联系将心理过程的时间顺序确定下来，并让它们接受现实检验。它通过思考过程，推迟了运动释放爆发的时间，掌控了能动性的入口。但这更多是形式上的掌控，而不是真正意义上的掌控。自我在与行动相处时，其地位更像是立宪君主：只有得到其允许法律才能颁行，但在否决议会的建议时，又必须非常慎重。所有来自外部的生活经历，都使自我的内容变得越来越丰富，而本我是自我想要掌控的另一个外部世界。自我将本我的力比多夺走，使本我的对象占有变成了它的结构。而后，它又在超我的帮助下，以一种我们并不熟悉的方式，开始利用遗留在本我之中的史前经验。

本我中的内容可以通过两种途径进入自我：一种是直接进

入；另一种是向理想自我借路。选择不同的途径，可能会对某些心理活动带来决定性的影响。从感知欲望到管控欲望，从服从欲望到阻止欲望，自我的发展经历了这一系列的变化过程。它之所以能够取得这些成就，理想自我可谓居功至伟。有一部分理想自我，就是因对本我中的欲望过程采取反向措施而产生的。自我利用精神分析这一工具，能够进一步征服本我。

但从另一个角度来说，自我也非常值得同情。它要服务于三个方面，因而也要承受三重威胁。第一重来自外部世界，第二重是来自本我的力比多，第三重是来自严苛的超我。因为恐惧是在危险面前退缩的表现，所以这三重威胁又对应了三重恐惧。自我作为与外界接触的门户，能够调和外部世界与本我的关系，并努力让本我服从外部世界。与此同时，它还通过自己的肌肉活动让外部世界公正对待本我的想法。它如同精神分析治疗中的医生，为了适应真实的世界，把自己当成力比多的对象介绍给本我，以便将本我的力比多吸引到自己身上。它既是本我的帮手，也是它的仆人，一心为主人着想。它竭尽所能，想要与本我保持一致；它努力伪装出一副已经对现实警告屈服的样子，将一层前意识的理性外罩蒙在自我潜意识的诉求上；就算在本我坚决不肯让步的时候，它也会尽可能地遮掩本我与现实乃至本我与超我之间的矛盾。身处本我与现实之间，它难免抵抗不了诱惑，表现出讨好、投机和虚伪的一面，如同一个懂得事理的政治家不得不在公众意见面前选择自保。

在两种欲望类型之间，自我也有一定的倾向性。它利用同一化作用和升华作用，帮助本我中死的本能打败了力比多，与此同时也使自己陷入了危险的境地，很可能成为死的本能的目标。它让自己身上满是力比多，以便在必要时提供帮助，它也因此成了性的代言人，想要追求生活和被爱。

但自我的升华，不仅造成了欲望的分离，还解放了超我中的攻击繁殖本能。而它自己也在与力比多对抗的过程中，面临遭受虐待和死亡的威胁。倘若自我被超我的攻击性控制，或者已经被它打败，那它的命运就类似于单细胞生物的命运了。后者死于自身产生的分裂产物，可以说是典型的作茧自缚。在我们看来，道德在超我中的作用，与经济意义上的分裂产物差不多。

在自我的从属关系中，最有趣的或许就是与超我的关系。

自我是恐惧的积聚地。因为受到三重威胁，自我研究出了“逃避反射”，即从危险的感知和自我类似的过程中将自己的可调动能量撤回，再将其以恐惧的形式表现出来。后来保护性的可调动能量取代了这一原始的反应。我们并不知道自我到底害怕外界和自我力比多危险中的哪些内容，我们只知道，那肯定是一种征服和灭亡，只是精神分析还不能把握其具体内容，自我只是在听从唯乐原则的警告。不过，我们可以说出自我的道德恐惧，即它对超我的恐惧究竟包括哪些内容。那些产生了理想自我的高等生物，都会遇到被阉割的危险。后来出现的道德恐惧或许正是阉割恐惧的延续，并以这种阉割恐惧为核心。

“归根结底，每一种恐惧都是对死亡的恐惧。”这句话虽然十分合理，但没有什么意义，至少根本不可能被证实。我认为，更重要的是分清对死亡的恐惧、对对象的恐惧和对神经症力比多的恐惧。因为死亡是一个具有否定内容的抽象概念，我们很难在潜意识中找到它的对应物，所以这就难住了精神分析学说的研究者们。自我大量释放自恋力比多的可调动能量才是死亡恐惧产生的机制，换言之，就像自我在一般的恐惧案例中放弃了对象一样，现在它又放弃了自己。我认为，对死亡的恐惧是在自我和超我之间发生的。

众所周知，在两个前提下会出现对死亡的恐惧，这两个前提也类似于其他恐惧类型发展过程中的前提。就像抑郁症所表现的那样，它不仅是对内部过程的反应，也是对外部危险的反应。在此方面，神经症案例再次帮助我们更好地理解了现实情况。

抑郁症中的死亡恐惧只有下面这一种解释：自我感知到了来自超我的恨意和压迫，于是开始自暴自弃。对自我来说，生活就代表着被爱，即超我所爱。超我发挥了保护和救赎的作用，这本来是由父亲完成的，后来则交给了上天和命运。因此，当自我遇到可怕的现实危险，认为凭借自己的力量难以渡过难关时，它就会得出相应的结论：保护力量将自己抛弃了，那自己不如死了算了。另外，人类第一次直面恐惧的过程就是出生，与母体分离的婴儿在渴望中也难免感到恐惧。这两种恐惧情绪都是死亡恐惧的根源。

总之，死亡恐惧和道德恐惧都是阉割恐惧演变而来的。基于心理良知对神经症的重要意义，我们很难否认下面这一点：自我和超我之间的恐惧发展在严重的情况下可能会使一般神经性恐惧的强烈程度得到提升。

最后，让我们重新回到本我之中。本我不能向自我表明它的爱与恨，它无法说出自己想要什么，也难以形成统一的意志。在本我之中性和死的本能发生争斗，我们也对它们相互抵制对方攻击的方法进行了详细介绍。我们可以这么说：自我受到沉默但强大的死的本能的统治，后者希望能够在唯乐原则的指引下让性销声匿迹，以获得安宁的生活。但我们担心，这种说法或许低估了性的作用。